KB157376

엄마는 우리 가족
미술치료사

엄마는 우리 가족
미술치료사

초판 1쇄 인쇄 2021년 4월 10일
초판 1쇄 발행 2021년 4월 15일

지은이 김순영
펴낸이 인창수
펴낸곳 태인문화사
디자인 플러스
신고번호 제10-962호(1994년 4월 12일)
주소 서울시 마포구 독막로 28길 34
전화 02-704-5736
팩스 02-324-5736
이메일 taeinbooks@naver.com

ISBN 978-89-85817-90-5 03590

그림으로 아이의 마음읽기

엄마는 우리 가족 미술치료사

김순영 지음

들어가기에 앞서

지금까지 살아오면서 수많은 사람을 만나고 겪어보았다. 그들 중에 문제는 보이지만 그 문제를 해결할 방안이 없는 사람을 볼 때에는 마음 한구석이 답답하고 막막했다. 세상은 빠르게 변해 가고 있는데 변하지 않고 그대로 있는 그들은 열등감과 낮은 자존감만 드러내고 있다. 유치원 아이들이 성인들이 쓰는 말투를 쓰고, 초등학생들이 외모와 이성에 관심을 과도하게 갖고, 중학생들이 어른을 우습게 알고 부모와도 갈등을 자주 빚는다. 고등학생들도 학업, 교우 관계, 이성 관계의 갈등으로 가족 관계가 불편해지고 멀어지고 있다.

어렸을 때의 아픔과 해결하지 못한 사건들로 인한 상처는 인성이 되고 성격이 된다. 이런 상태에서 성인이 되어 결혼을 하고 가족을 이루다 보면 되풀이 되는 상처로 가족끼리 서로 마음만 아픈 채로 살아가게 된다. 누군가는 이 문제들을 해결해야 하고 도와야 한다.

그래서 이 분야에 관심이 많은 나는 미술심리치료에 관심을 갖게 되었다. 미술심리치료는 그림을 잘 그리거나 미술에 특별한 자질이 없어도 개방된 마음을 갖고 내담자의 정서적 공감과 민감성이 있으면 됐기 때문이다. 미술심리치료를 공부하면서 과거의 아픔을 볼 수 있었고 이유도 알게 되었다.

사단법인 한국미술심리치료협회 공인 미술치료사 1급 자격증을 취득 한 후 나는 수많은 사례를 해석해 보았다. 집을 그려 보고, 나무를, 사람을 그려 보면서 많은 아이와 성인들의 상처를 보았다.

상처는 혼자 치유할 수 없었다. 주변 가족의 도움이 필요하고 친구가 필요하였다. 그것마저 힘들 때는 가족상담으로 가족이 하나가 되어 치유에 최선을 다했다. 적극적으로 상담에 임하고 치료 과정에 임하는 것이 긍정적인 분위기를 만들었다.

미술치료가 완벽하게 나를 구해주는 도구는 아니다. 빈 곳은 있다. 나는 그 빈 곳이 무엇인지 겸손한 마음으로 바라볼 때가 있었다. 그래서 미술치료를 할 때 기도하는 마음으로 내담자를 바라보고, 아동의 그림을 볼 때는 될 수 있으면 가족의 그림을 함께 보았다.

어떤 어머니가, 아들이 너무 산만해서 힘들다고 하며 나를 찾아오셨다. 나는 왜 힘든지 어머니와 이야기를 나누었다. 그리고 그 이유가 뭔지 알 수 있었다. 어머니와 아들의 기질이 같아서 공감대가 잘 형성되지 않았고, 아빠는 외로움 속에 혼자 다른 음란한 매체에 빠져 있었다. 다행히 어머니와의 상담은 잘 되었고 잘 받아들이셨다.

이 경우는 상담자의 태도와 말투가 중요한 경우였다. 우선 가르치려고 하기보다 진정으로 수용하고 이해하는 마음으로 상담을 했다. 그러다 보니 내담자가 마음의 문을 열었다. 상담자와 내담자와 소통을 할 수 있게 된 것이다.

미술치료를 하면서 먼저 이 길을 걸어온 내가 책임감을 가져야겠다는 생각이 들었다. 치열하고 험악한 세상에 내보내질 내 자녀에게, 힘없는 우리 부모에게, 가족에게 작은 도움이 되는 활동을 실행에 옮겨 보려고 한다. 노령화되는 세계 속에서 미리 사람 공부, 가족 공부를 함으로써 세련되고 품격 있고 강한 사람이 되길 기도하면서 말이다.

2021년 2월

한국 미술 심리치료 협회 공인 미술치료사 1급 김 순 영

차례

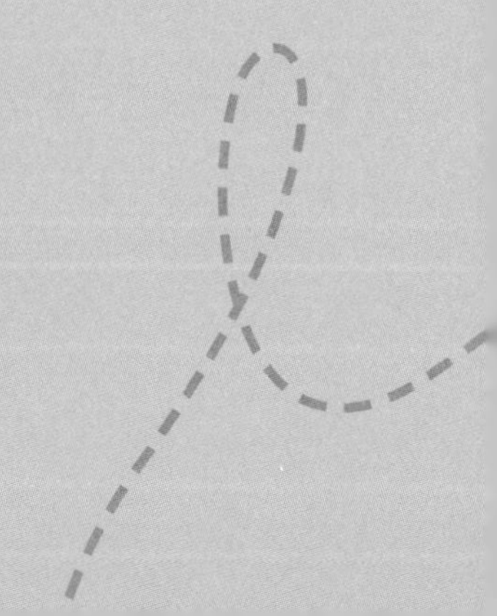

5부. 그림 해석의 실제 예

1부

내 아이의 그림으로 미술치료를 할 수 있다

TEA

1. 미술치료란 무엇인가?

사람들은 옛날부터 춤, 노래, 그림 등을 통해 병을 치료하거나 제사를 지냈다. 이러한 예술 활동과 정신 활동은 인간과 밀접한 관계가 있다. 이는 신체적 병 또는 장애, 심리적 · 정신적인 고민 등을 다루는 것으로 인간들이 살아가는 방향과 방법을 함께 고민하고 회복하는 데 그 목적을 두고 있다.

나움버그Naumberg는 미술심리치료에 대한 개척자의 역할을 한 사람으로서, 미술을 무의식적으로 나오는 상징적인 언어라 보는 한편 치료의 수단인 한 방법으로 보았다. 그녀는 1940년대부터 치료양식으로 미술 표현을 도입하였으며, 치료가 어려운 정신적인 문제를 가진 환자들에게 그림을 그리도록 하여 쉽게 접근하였다.

미술치료는 미술 활동을 통해서 심리적인 어려움이나 마음의 문제를 표현하고 완화시키는 방법이다.

말로써 표현하기 힘든 느낌이나 생각을 미술 활동을 통해 표현하여 인도감과 감정의 정화를 경험하게 한다. 또 내면의 마음을 돌아볼 수 있도록 하며, 자아 성장을 촉진시키는 치료법으로 어둡고 두려운 면을 보게 한다. 그래서 단체, 가정, 학교, 회사 같은 그룹에서는 말은 하지 않고 함께 미술 창작 활동을 통해서 좋은 결과를 거두고 있다.

미술치료는 '미술'과 '치료'로 나누어 생각할 수 있다. 크래머Kramer는 미술이, 예술을 창조하는 그 자체를 치료라고 보고 있고, 나움버그Nauberg는 치료자와 내담자 사이에서 보는 상징적 회화라고 보고 있다. 울만Ulman은 미술 창작 활동 그 자체가 가치를 가진다고 생각했다. 울만은 그림을 매체로 이용Art in therapy하는 창작 활동 그 자체가 치료Art as therapy로써 미술과 치료가 다 포함된다고 했다.

심리적인 문제를 지닌 내담자가 대화로 문제를 해결하기 어려울 때가 많다. 이럴 때 말보다는 미술 창작 활동(그리기, 만들기, 글쓰기 등 미술 전 영역)을 제시한다. 미술치료는 내담자의 마음을 읽고 내담자가 스스로 느끼고 문제 해결을 할 수 있도록 도와주는 역할을 하기 때문이다. 물론 미술치료가 모든 사람에게 적합한 건 아니다. 적용 대상으로는 정신질환자, 심신장애인, 비행청소년, 이혼 부부 등이 있다. 최근에는 가족 관계의 개선, 근친상간, 성폭행, 섭식장애, 학업 부진, 입시 및 시험 불안을 비롯하여 자아성장 프로그램, 산업상담, 주의력 결핍장애, 등교 거부증, 노인치매, 노인상담, 신체질환자의 심리 안정 등으로 확대되고 있다.

각 나라마다 다르지만 미국이나 유럽에서 미술치료의 역사는 50여 년이 넘는다. 미술치료가 우리나라에서 본격적으로 알려지고 치료 현장에서 이용된 것은 1990년대 이후이다. 처음에는 주로 병원과 사회복지 기관을 중심으로 진행되어 왔으나 지금은 일반인들에게 보편화되어 여러 분야에서 활용되고 있다.

미술치료는 미술과 심리학 두 가지 분야가 결합된 학문이다. 하지만 심리학을 바탕에 두고 있기 때문에 심리 연구도 함께 이루어지고 있다. 내면을 미술로 표현하게 되고 표출된 미술활동의 결과물로 치료가 이루어지거나, 자아성장을 이뤄내기 위한 과정으로 사용된다. 특히 자신의 의사를 명확하게 표현할 수 없는 아동이나 정신지체 아동들에게 있어서 더욱 유용한 치료법이다.

미술치료의 매체는 환경과 성격, 신체적인 상황, 인지 상황 등을 보고 다양하게 다뤄볼 수 있다. 그림의 실력이나 결과물을 판단하는 것은 금물이다. 시작부터 끝까지 행동 관찰과 이야기를 들어주는 스킬이 필요하다. 무의식적으로 나타난 결과물이나 과정을 읽어내고 이야기하고 들어주며 마음을 보는 것을 미술치료 또는 미술심리치료라고 한다. 미술치료를 힐링으로 보기도 한다.

2. 어떻게 미술로 내 아이의 심리치료를 할 수 있을까?

요즘은 점점 특별한 상황들로 인해 많은 자녀들이 혼란을 겪고 있다. 홀부모 가정, 조부모 가정, 형제자매만 있는 가정, 물질적인 어려움으로 가족이 헤어져 사는 가정, 부부간의 불화로 자녀를 방치하는 가정 등으로 인해 아이들이 우리가 상상할 수 없는 사회 속에서 두려움을 갖고 살아가고 있다. 이들은 왕따, 학교폭력, 성추행 또는 성폭행 등으로 점점 비행청소년이나 문제아로 되어가고 있다. 이렇게 아이들이 심리적 혼란의 시기에 처했을 때 이들을 치료할 수 있는 방법 중의 하나가 미술치료이다.

미술치료는 심리적 충격을 안겨 주는 사건들을 경험한 아이들에게 큰 도움이 된다. 고통스러운 일을 겪은 아이들은 그림을 그리거나 만들기를 통해 심리적 안정을 얻을 수 있을 뿐 아니라 자신이 경험한 것에 대해 더 자세히 전달하고 정리할 수 있다. 학대를 받거나 폭력적인 사건을 경험했을 때 말하는 것 자체가 공포나 불안을 일으킬 수 있는데 반해 미술은 그러한 아이의 불안을 감소시키면서 감정을 표현할 수 있게 한다. 특히 미술치료는 우울증이나 외상 후 스트레스 증후군, 불안장애, 적응장애가 있는 아이의 심리치료에 유익하다. 심리치료는 주로 병원과 시설에서 비용을 들여서 해왔고 현재도 하고 있다. 하지만 지금은 개인이 미술심리치료사 등의 자격증을 취득하여 많이 보편화되어 쉽게 접근할 수 있다.

오늘날 우리 사회는 점점 더 편한 것을 추구하고 있다. 실제로도 삶이 간편하고 빠르게 흘러가고 있다. 이로 인해 좋은 것도 있지만 빠르게 변화하는 세상 속에서 아이의 심리나 마음 상태를 제대로 인지하지 못하고 마음의 병을 가지고 있는 부모들이 점점 늘어나고 있다. 30년째 교육 현장에서 수많은 색

깔의 다른 성격, 다른 인성을 가진 아이들을 봐왔지만 생각보다 많은 부모들이 자녀의 지도에 대해서 어려움을 토로한다. 부모의 히스토리가 자녀들을 지도할 때 감정이입되기 때문이다.

자녀를 교육해야 하고 훌륭한 부모가 되어야 하는 것이 우리들의 공통된 꿈이다. 완벽한 부모는 없다. 부모는 스스로를 위로하고 '괜찮다, 괜찮다!'하면서 자존감을 가져야 한다. 또한 내 자녀를 객관적으로 보면서 무엇을 바라는지 항상 관심을 갖고 마음을 읽는 훈련도 해야 한다. 미술치료가 필요한 이유이다.

미술치료는 그림을 잘 그릴 필요가 없다. 자녀 역시 그림을 잘 그리지 않아도 된다. 이 책을 통해 자녀를 바라보는 눈이 열리길 바란다. 유의할 점은 객관적인 입장과 사랑하는 눈이 필수 준비물이다. 내 자녀라는 마음으로 시작하면 보지 못하는 것도 생기기 때문이다.

2부

내 자녀의 행동 35가지에 대한 해결 방법

1. 반대로만 한다

창의력이 좋은 아이들은 자꾸 반대로 하려는 경향이 있다. 부모들은 속상하기만 하다. 아이들이 청개구리처럼 말을 안 듣고 무시하고 제멋대로다. 어쩌면 부모에게 반항하고 있는 건지도 모른다. 그렇다고 해서 아이보다 두 배 더 큰 어른이 무섭게 눈을 뜨고 강압적으로 혼을 내거나 체벌을 한다면 아이는 당장 겁이 나서 잘못된 행동을 하지 않지만 무엇이 올바른 행동인지에 대해 배우지는 못한다. 그러므로 그 순간 바로 잘못된 것을 깨닫게 해주어야 한다. 더 자세히 말해 그 자리에서 바로 훈계를 하고 스스로 이해할 수 있도록 해야 한다.

2. 집에서는 활발한데 밖에서는 소극적이다

보통 집에서는 활발한데 밖에서는 소극적인 아이들이 많다. 집에서는 부모에 대한 신뢰와 믿음이 있지만 밖에 나가면 두려운 마음이 생겨서 말하는 것도 표현하는 것도 모두 어렵다.

이럴 경우에는 부모가 먼저 보여 주면 된다. 낯선 친구들과의 자연스런 대화로 친해지는 것을 보여 주어라. 보상심리를 이용하는 것도 좋은 방법이다. 용기를 내어 행동했을 때 좋아하는 장난감이나 음식으로 상을 주는 것이 좋다. 부모의 노력으로 차근차근 쌓아온 애착 관계를 잘 유지할 수 있도록 해야 한다.

3. 똥, 오줌, 엉덩이 등에 대한 이야기를 자꾸 한다

아이들은 커 갈수록 성적 표현을 하면서 즐거움을 느낀다. 남자 아이들은 장난치듯이 말하는 반면 여자 아이들은 소리를 지르면서 기분 나쁘다고 표현한다. 여기서 부모의 역할이 중요하다. 표정까지 바꾸면서 반응을 하게 되면 아이들은 '뭐가 있나?' 하는 생각으로 더욱 심한 행동을 한다. 하지만 반응이 없으면 점점 줄어든다. 그러니 자연스럽게 같이 웃어 넘겨라. 자연스럽게 넘어갈 수 있다.

4. 거짓말을 한다

거짓말을 하는 아이들은 습관적으로 자신의 말을 상대방이 믿게끔 하려고 한다. 이럴 때 부모는 일관된 태도를 유지하는 것이 좋다. 속아주는 척하면서 상황을 넘기면 아이는 거짓말을 하는 것이 정당하다고 생각할 수도 있다. 그렇다고 '거짓말 하지마'라고 바로 말해서 아이를 나쁜 사람으로 만들어서도 안 된다. 반복된 거짓말을 하는 이유는 야단맞을까봐 두렵기 때문이다. 정직하게 이야기할 때 용서받을 수 있고 정말 용기 있는 사람이 된다는 식으로 격려해야 한다.

거짓말은 남에게 피해를 준다는 것을 인식시켜라. 관심을 끌기 위한 거짓말일 때는 그것을 충족시켜 주는 것도 좋은 방법이지만 거짓말을 하면 불이익을 받을 수 있다는 것도 반드시 알려 주어야 한다.

5. 욕을 한다

요즘 아이들은 언어에서 폭력적인 표현이 나온다. 욕으로 시작해서 욕으로 끝나는 경우가 많다. 이것을 보는 부모들은 마음이 불편해질 것이다.

가정에서 욕구 충족이나 부모와의 교감이 잘 되는 아이들은 정서가 온전해서 욕을 하지 않는다. 그러나 보통 마음의 상처가 있으면 욕이 입으로 거칠게 나올 수가 있다. 주로 남자 아이들이 욕을 잘한다. 가정에 문제가 있는 여자 아이들도 사춘기에는 욕을 할 수 있다.

그러니 아이에게 사랑을 줘라. 부모에게 사랑을 받고 있다는 믿음이 있다면 마음이 안정되어서 거친 말은 자연스럽게 쓰지 않게 될 것이다.

6. 산만하다

한시도 가만히 있지 못하고 여기저기 뛰어다니는 아이들이 있다. 혼난 후에도 언제 그랬나듯이 금방 뛰어나가는 아이들은 성격 문제일 수가 있다. 심하면 상담이 필요하다. 위험한 경우가 아니고 남에게 피해를 주지 않는 행동이라면 사사건건 잔소리를 할 필요는 없다. 아이들은 에너지가 넘치기 때문이다. 얌전한 성격의 아이들은 뛰어놀라고 해도 뛰어놀지 않는다. 기질적인 문제와 성격이기 때문에 무조건 혼내는 방식은 좋지 않다.

7. 공격적이고 싸운다

이런 모습은 남자 아이들에게 많이 보인다. 참지 못하고 주먹이 먼저 나간다든지, 물건을 던진다든지, 소리를 지른다든지 하며 폭발한다. 폭력이 나쁘다는 것은 어린 아이들도 안다. 폭력성이 지속적으로 나타난다면 부모의 교육이나 태도를 살펴볼 필요가 있다. 무조건 이겨야 한다고 강조하거나 부모가 폭력을 쓰거나 아이가 잘못을 해도 그냥 넘어가는 경우가 이런 경우다. 서로 치고 받고 싸우면서 큰다는 것은 옛날 말이다. 어떠한 경우에도 폭력을 써서는 안 된다는 것을 그때그때 가르쳐야 한다.

8. 부모에게 덤빈다

아이가 대들면 부모는 먼저 충격을 느끼고 굴복할 때까지 심하게 야단치게 된다. 이는 문제해결에 전혀 도움이 되지 않는다. 이런 아이는 성인이 되어서 사회 부적응자가 될 수도 있다.

자녀의 잘잘못에 너무 예민하게 반응하여 들어보지도 않고 아이를 혼내는 경우도 있다. 잘못을 지적하면 자존심이 강한 아이들은 화가 나서 말대꾸를 하게 되고 흥분해서 폭언으로 이어지기도 한다. 이럴 때에는 아이가 한 행동에 대해 생각할 시간을 주고 스스로 잘못을 고백할 때에는 칭찬과 격려로 믿음을 주는 것이 필요하다. '이렇게 해', '저렇게 해'라고 강요하지 말고 이성적으로 생각하고 감정을 다스리는 모습을 보여 주어야 한다. 낮고 침착한 목소리로 부모에게 대드는 것이 왜 나쁜지도 설명할 수 있어야 한다.

9. 도구(연필, 뾰족한 것)로 친구를 괴롭힌다

도구로 친구를 괴롭히는 아이들이 있다. 보통 산만하여 침착하지 못한 아이들 중의 일부는 자기도 모르게 친구를 괴롭히면서 쾌감을 얻는다. 폭력적인 아버지가 있는 가정이나 자녀를 방치하는 가정의 자녀가 이런 일을 저지른다. 이런 아이들에겐 부모의 따뜻함을 심어 주는 것이 필요하다. 하지만 그런 가정에서는 어려운 일일 수도 있으니 상담을 통해 방법을 찾을 필요가 있다.

10. 스스로 숨쉬기 어려울 정도로 고집을 피운다

고집과 집착이 강한 아이들이 있다. 기질적인 성향 또는 맞벌이 가정의 분위기 등이 그 원인이다. 부모가 퇴근한 후 아이가 지겨울 정도로 30분 정도만 함께 놀아 주면 아이의 마음이 풀리게 된다. 고집이 센 아이에게는 화가 나기 마련이다. 그럴 때는 반드시 감정을 조절해야 한다. 부모가 화를 내면 아이들은 자기를 사랑하지 않는다고 생각한다.

부모의 행복이, 곧 자녀의 행복이다. 아이들에게는 스킨십을 해주자. 싫어하는 건 시키지 말고 아이의 마음을 헤아려 주려고 노력하자. 친구와 노는 시간도 만들어 사회성을 익힐 수 있게 해주고 스스로 살아가는 훈련을 할 수 있도록 도와주자.

11. 성기에 자꾸 손이 간다

특히 남자 아이들이 바지 속에 손을 잘 넣는다. 아빠가 보기엔 아무것도 아닌데 엄마는 불쾌한 감정을 숨길 수가 없다. 4세 이후에 성기에 손이 가는 것은 자연스러운 현상이다. 조금 걱정될 수도 있겠지만 크게 걱정할 필요는 없다. 몇 가지 경우를 들어보자.

화장실에서 볼 일을 보고 재미로 만지는 경우, 동생의 등장으로 부모의 사랑을 빼앗겼다고 생각해 성기에 자주 손이 가는 경우이다. 보통 이런 경우는 부모가 수치심을 느끼게 한다든지 정서적으로 충족감을 느끼지 못할 때, 또는 외롭고 심심할 때이다. 이런 행위들은 대부분 다른 흥밋거리가 생기거나 성장하면서 사라진다. 너무 심하게 나무라지 말고 '그만 만지자', '손 씻자'로 마무리하면 좋겠다.

12. 남자, 여자의 정체성이 바뀐 듯한 놀이를 하거나 좋아한다

남자는 파란색, 로봇, 자동차. 여자는 핑크색, 인형, 소꿉놀이 등. 이렇게 고정관념으로 정해진 듯한 개념을 부모도 알게 모르게 가르치고 있다. 남자 아이가 인형을 갖고 놀거나 여자 아이가 총을 들고 논다고 해도 그대로 존중해 줘라. 정말 좋아서 좋아하는 것이다. 만약에 성장하면서도 여성성, 남성성이 구분되지 않는다면 그때는 상담을 받아야 하겠지만 아이들이 즐거운 것을 방해하는 부모는 되지 말자.

13. 자신의 물건을 자주 잊어버린다

물건을 잘 잊어버리거나 자주 깜빡깜빡하는 아이들 중에는 신경질적이고 생각이 앞서가는 아이들이 많다. 이런 아이들은 선생님의 지시사항을 끝까지 안 듣고 혼자 다른 생각을 한다든지 친구들의 태도에 신경 쓰느라 자신의 물건에 신경 쓸 여유가 없다. 그러다 보니 미리 엄마가 챙겨 주는 경우도 있을 것이다. 가방을 함께 정리하면서 습관이 되도록 하면 잃어버리는 경우가 점점 줄어들 것이다. 부모의 인내를 통해 아이가 성장한다는 사실 꼭 기억하길 바란다.

14. 고집이 심하다

아이가 두세 살 정도가 되면 언어 발달이 되면서 주로 '싫어', '안 해' 등의 고집을 부리는 표현을 하게 된다. 무슨 생각인지 정말 말을 안 듣고 고집불통이다. 이때부터 엄마와의 전쟁이 시작된다.

고집이 생겼다는 것은 자아가 생겼다는 것을 의미한다. 이는 어떻게 보면 부정적인 것 같은데 아이들의 자라는 과정을 발달학적으로 볼 때 자기 의지와 자아 개념을 확고히 하고 있다는 것을 뜻한다. 아이들은 자기 뜻에 맞지 않으면 바닥에 누워 버린다든지, 머리를 벽에 박는다든지 하는 과격한 행동을 하기도 한다. 아이가 스스로 어떻게 할 수 있는 부분이 아니다. 인지적·정서적으로 성숙해야만 이해할 수 있는 주장을 하게 된다.

아이가 고집을 부릴 때, 엄마들은 보통 고집을 잡겠다고 하면서 무섭게 야단을 치거나 다른 방법으로 혼을 낸다. 만약 고집부리는 행동이 남에게 해가 되는 것이라면 적당한 선에서 고쳐 주어야 한다. 부모가 화가 나서 무조건 제재를 가한다면 아이의 자신감과 독립심이 긍정적으로 자랄 수 없다. 무조건 야단 치지 말고 무관심한 모습을 보여 주는 것, 반대로 칭찬요법도 좋은 방법이다. 예를 들면, 아이가 대소변을 가리기 시작할 때 휴지를 자기가 사용하겠다고 고집을 부릴 경우가 있다. 그럴 때는 강하게 고집을 꺾기보다 스스로 닦으려고 하는 행동을 칭찬해 주어야 한다.

어릴 때 아이의 모든 행동에 부모가 필요 이상으로 간섭하거나 억제하지 말라. 그렇게 되면 정체성의 혼란을 일으키는 사춘기 때나 어른이 되었을 때 많은 문제를 일으킬 수 있다. 아이의 입장에서 이해하려고 노력하고 스스로 하고자 하는 행동에 대해서는 적극적으로 칭찬해 줘라. 물론 최대한 존중해 주는 범위 내에서 저지하는 것도 필요할 경우가 있다.

15. 말을 안 한다

말을 안 한다는 것은 말을 못하는 게 아니라 부끄러움이 많아서 말을 안 하는 것이다. 그 이유는 기질적인 것과 성격적인 것으로 나눠볼 수 있다. 유치원이나 학교에서 발표를 한번 안 했다고 속상해할 필요가 없다. 부정적인 시각으로 보지만 않는다면 아이에게 관심을 가지면서 천천히 아이를 믿고 기다려 주면 된다.

16. 잘 운다

매사에 잘 우는 아이라면 너무 속상할 것이다. 억압적인 환경에서 자란 아이라면 약한 자신감, 두려운 마음, 풀리지 않는 화로 인해 참지 못하고 우는 경우가 있다. 항상 무엇이 문제일까? 생각해보고 어떤 상황이든지 헤쳐 나갈 수 있는 긍정적인 사고를 할 수 있도록 해주어야 한다.

17. 잘 삐진다

실제로 삐진 것이 아닌데 사고의 발달로 삐지는 것을 즐기는 아이들이 있다. 그런 아이는 왜 삐졌는지 이야기를 들어 주고 받아 주고 해서 문제해결을 함께해 나가는 것이 좋은 방법이다. 부부간의 갈등이 심하면 아빠에 대한 부정적 시각 혹은 엄마에 대한 안 좋은 생각 때문에 잘 삐지는 아이로 자랄 수 있다. 그러니 엉뚱한 곳으로 화가 가지 않도록 그때그때 관심을 보여 주어야 한다.

18. 나서기를 좋아한다

부모로부터 애정결핍을 느끼는 아이들이나 자신감이 넘치는 아이들은 남 앞에 나서기를 좋아한다. 이런 아이들은 관심 받고 싶거나 나서야 직성이 풀리는 아이들이다. 또 마음의 부족함을 채우고 인정받고 싶어 하는 아이들이다. 그러니 칭찬을 해주고 실수하지 않도록 이끌어 주는 것도 방법이다. 다른 친구들과의 경쟁에서 이기려는 마음이 아니면 앞에 나서는 것이 나쁜 것만은 아니다.

19. 소심하다

소심하고 모든 일에 두려움과 걱정이 가득한 아이들이 있다. 특히 요즘처럼 경쟁이 심하고 치열한 사회 분위기 속에서 내 아이의 그런 모습을 보면 답답함을 느낄 수도 있다. 초등학교 6년 내내 손 한번 못 드는 아이도 있고, 선생님이 심부름을 시키면 눈물을 흘리거나, 어쩌다 발표할 일이 있으면 며칠 전부터 배앓이를 한다거나 하면서 기가 죽어 있는 아이들이 많다.

이러한 아이들은 아이들마다 기질이 다르고 모습이 다르다는 걸 부모가 먼저 인정해야 한다. 씩씩하고 활발한 아이도 있고, 나서는 걸 좋아하는 아이도 있고, 조용히 책만 보는 것을 좋아하는 아이도 있다. 다름을 알고 인정해 주어야 한다.

유난히 소심하고 조용하고 수줍어하고 느린 아이들에게는 대·소변을 가릴 때 무서운 경험을 했거나, 낯선 환경에서 놀란 경험이 있거나, 부모의 학대적인 지도와 양육방식이 있을 수 있다. 이런 아이들은 성인이 되어 우울증이나 불안장애 등을 앓게 될 확률이 높다고 한다. 그러니 아이가 약한 모습을 보이거나, 뒤로 숨는다거나, 낯선 환경에서 많이 어려워할 때 나무라기보다 상처받지 않도록 따뜻하게 안아주고 배려해 주는 마음을 갖는 게 중요하다.

강하게 키우려고 아이와 전혀 맞지 않는 단체생활 프로그램에 보내거나 하면 불안장애를 일으킬 수도 있으니 각별히 주의해야 한다.

20. 형제간의 다툼이 심하다

형제간에 다투는 것은 우리가 생각하는 그런 이유가 대부분이다. 둘째가 태어나면 첫째는 사랑과 관심을 빼앗기는 기분이 느껴지면서 하늘이 무너지는 감정을 느낀다고 한다. 그러니 매사에 싸우는 것은 당연하다. 엄마의 사랑을 독차지하고 싶어 심술을 부리고 밀치고 때리면서 심한 다툼이 일어난다.

형제들이 싸운다고 무조건 말리지 말자. 서로 어떤 기분인지도 알 필요가 있다. 다툴 때마다 아이들 편에 서서 중재해 주는 것이 중요하다. 서로 사과하라고 강요할 필요는 없다. 화해는 시키되 억지로 맘에도 없는 사과를 하게 해서 마음의 골을 만들지 말라. 다툼의 원인을 파악하고 아이의 책임감을 존중해 주면 동생과의 관계도 좋아진다.

21. 친구 관계가 어렵다

친구 관계가 어려운 것은 사회성의 문제일 수도 있다. 아이들은 대부분 게임이나 놀이에서 이기고 싶어 하는 마음이 크다. 그러나 져도 '하하 호호' 웃으며 상처받지 않고 게임의 결과를 받아들이도록 하자. 친구를 지적하거나 비난하지 않고 서로를 위로하는 훈련을 통해 친구를 만들 수 있다. 아이와 놀이를 하다 보면 문제점이 눈에 보인다. 엄마는 그런 부분을 잘 도와주고 이해시켜야 한다. 그러면 또래 친구와의 관계가 두렵지 않을 것이다.

22. 싫증을 잘 낸다

좋고 싫은 것이 분명한 아이가 있다. 새로운 것에 흥미도 없고 어떤 한 가지 놀이나 학습에 싫증을 잘 낸다. 이런 아이는 어떤 일에 흥미를 느끼고 어떤 일에 싫증을 내는지 살펴볼 필요가 있다. 싫증이 너무 심하다면 왜 그런지 생각해봐야 한다. 호기심을 한창 가지고 있을 때 제재를 하면 엄마와의 애착에 문제가 생길 수 있다. 엄마와의 사이에 문제가 있다는 것은 세상을 신뢰하지 않음을 의미한다고 볼 수 있다.

아이가 싫증낸다고 해서 무조건 제재한다거나 혼을 내지 말라. 그렇게 하면 정서가 불안해질 수 있다. 아이는 자기가 엄마에게 사랑받는 느낌을 받아야 한다. 엄마는 부족하고 미성숙한 아이의 생각과 행동을 부정적으로 지도하지 말아야 한다. 사사건건 잔소리를 한다든지 하는데 이렇게 아이라고 해서 무조건 못하게 막는 일이 잦아서는 안 된다.

어떤 일에 흥미를 갖지 못한다면 정답과 길을 알려 주기보다 엄마와의 잦은 접촉과 더불어 칭찬과 존중을 하는 것이 바람직하다. 재미있는 방법으로 학습을 유도하거나 재미를 주면서 적절한 자극을 주는 게 필요하다. 제일 중요한 것은 엄마한테 사랑받는 것을 알게 하는 것이다. 부모로부터 안정적으로 사랑받고 존중받고 자란 아이는 자존감과 인내심이 높아진다.

23. 스마트폰에 빠져 있다

스마트폰에 대한 중독은 어제오늘의 문제가 아니다. 하지 말라고 명령하기 전에 아이가 어떤 것에 빠져 있는지 확인해보자. 엄마는 아이가 무엇에 빠져 있는지는 보지 않고 스마트폰 갖고 노는 것 자체를 혼내는 경우가 많다. 이런 상황이 반복되다 보면 서로 관계만 안 좋아진다. 아이들에게는 엄마가 자기들의 세계를 이해하지 못하는 사람이 되어버린다. 그러니 무엇을 가르치려고 하는 것보다 관계가 더 중요하다는 사실을 기억하자.

24. 수업시간에 돌아다닌다

아이가 수업시간에 교실을 돌아다니는 것은 자연스러운 일이 아니다. 어떤 공상에 빠져 있거나 산만한 아이일 수가 있다. 이럴 때에는 왜 그랬는지 물어보고 침착하게 대화를 이끌어 내는 것이 중요하다. 소변이 마려울 수도 있고, 다른 문제가 있을 수도 있다. 상담이 필요할 경우도 있다.

25. 물건을 훔친다

아이가 물건이나 돈을 훔치는 것을 보게 되면 당혹스럽다. 특히 5세 이하 아이라면 물건에 대한 소유의 개념이 없어서 부모가 주의를 기울여야 한다. 그 나이에는 내 것과 남의 것에 대한 개념을 갖고 있지 않기 때문에 훔치는 이유를 확인할 필요가 있다.

어린아이들은 원하는 물건이나 호기심을 부르는 물건을 보면 먼저 갖고 싶은 생각이 든다. 하지만 어린아이들은 아직 소유에 대한 개념이 확실치 않으므로 소유에 대한 개념을 알 수 있도록 도와주는 것이 우선이다. 그러고 나서 반복적인 학습을 통해 훔치는 행위를 그만둘 수 있도록 습관화시켜 줌으로써 자연스럽게 훔칠 수 있는 상황을 줄여 주어야 한다.

아이가 물건을 훔치는 이유는 부모로부터의 애정결핍 등으로 부모에게 관심을 얻고자 하는 심리가 작용하기 때문이다. 또한 친구 관계로 인한 스트레스, 외로움, 공허함 등으로 어려움을 겪는 아이들이 자신을 표출시키기 위해 이런 행동을 하기도 한다. 이럴 때 버릇을 고쳐야 한다고 무섭게 혼내거나 감정적으로 대응해서는 안 된다. 습관적인 행동이 되기 전에 왜 훔쳤는지 물어보고 부모의 애정을 느끼도록 해서 스스로 고칠 수 있게 해주어야 한다.

아이가 물건을 훔치는 행위를 직접 보았을 때는 그 자리에서 훈육하는 것이 바람직하다. 정황적인 근거로만 아이를 비난하는 경우에는 아이를 나쁜 범죄자로 몰아갈 수 있다.

그렇기 때문에 이러한 행동을 했을 때에는 놀이나 흥미를 불러일으킬 수 있는 학습을 통해 아이가 욕구를 충족할 수 있는 방법을 제공해야 한다. 그리고 아이가 이를 실천할 수 있을 것임을 믿고 신뢰하는 태도를 보여 주어야 한다.

26. 친구들의 손이나 귀를 깨문다

아이들이 엄마의 관심을 얻고자 또는 자신을 표현하는 방법으로 놀이처럼 친구를 깨물기도 한다. 아직 말하는 게 서툰 2~3세 때의 아이들은 제 뜻대로 안 되면 말보다 손이 먼저 나가기 일쑤다. 그렇다고 해서 무는 것을 용납해서는 안 된다. 물어서는 절대로 안 된다는 것을 확실하게 인식할 수 있도록 가르쳐 주어야 한다.

욕구를 제대로 표현하지 못하는 아이가 잘 무는데 물면 아프다는 것을 알려주어야 한다. 그리고 엄마는 무니까 아프다는 표정과 행동을 분명하고 일관성 있게 표현하여 아이의 공감을 끌어내야 한다.

27. 지저분하게 논다

남자 아이들은 여자 아이들보다 옷이 금방 더러워진다. 그것이 엄마에게는 스트레스인지 모른다. 하지만 비정상적인 일이 아니므로 크게 걱정할 필요는 없다. 남자 아이들은 활발하게 놀기 때문에 더러워질 기회가 많다. 매사에 조심성이 없고 어떨 때는 일부러 물웅덩이에서 풍덩풍덩 놀기도 한다.

이런 모습을 볼 때마다 엄마는 화가 나지만 아이의 옷을 보면서 '잘 놀고 건강하다'라고 생각하자. 옷에 뭐 묻을까봐 신경 쓰는 아이보다 이런 아이가 건강한 아이로 자라지 않겠는가. 그러나 일부러 어지럽히거나 지저분한 것을 인지하지 못한다면 관찰이 필요하다. 꾸준히 관심을 갖고 무엇이 필요한지, 혹시 다른 생각을 하고 있는지도 살펴보자. 아이가 집에 들어와 깨끗이 씻고 옷을 갈아입는다면 이때는 반드시 칭찬해주어야 한다.

28. 우울하고 무기력하다

아이들은 내면의 불안감을 표현하는데 서툴다. 자신의 감정을 인식하는 능력이 어른보다 부족해 자기 기분을 표현하기도 어렵다. 그래서 짜증을 내고 자주 울고 화를 내는 등 감정기복이 심하다.

이런 아이들은 평소 하던 놀이에 흥미가 없거나, 작은 일에도 소리 지르고 울고불고 난리를 치거나, 의욕이 없고 기운이 없다. 또 때로는 죽고 싶다고 말하기도 하고 잠도 잘 자지 못한다. 집중력이 떨어지고 두통이나 복통이 있으며, 부정적이고 말이 없어지고 불안해한다. 이런 증상들이 나타난다면 아동우울증으로 의심해 볼 수 있다. 아동우울증은 부모가 잘 알아차리지 못해 더욱 위험하다.

아동우울증은 이제 흔한 질환이라 해도 과언이 아니다. 우리나라에서는 한 해 약 6000명의 아이들이 우울증으로 새롭게 진단받고 있다고 한다. 아이들의 우울증은 짜증과 과격한 반응 등이 주요 증상이라고 하니 만약 아이가 위의 증상처럼 염려되는 수준에 이른다면 지체 없이 전문적인 상담과 치료를 받아야 한다.

29. 예민하고 강박증이 있는 것처럼 자주 씻고 옷도 자주 갈아입는다

사람은 항상 옷을 입는다. 입다 보면 몸 구석구석에 자극을 느낀다. 속옷 같은 경우는 보통 신경 쓰지 않지만 차가운 느낌이 들거나 물기가 있다면 찝찝함을 느낀다. 어느 정도는 그러려니 하고 넘어 가려고 하지만 불안감이 생기기도 하고 몸 어딘가 개운하지 않아서 신경이 쓰인다.

이럴 때 어른들에 비해서 아이들은 더욱 예민하여 강박증이 있는 것처럼 소리를 지르기도 하고 울며 칭얼거리기도 한다. 아이들은 옷이 조금만 더러워졌거나 젖었으면 갈아입어야 한다는 강박관념을 이기지 못해서 금방 갈아입게 된다. 이런 경우는 자폐증을 앓고 있는 아이에게도 나타난다.

더러운 것보다 젖은 것보단 깨끗하고 뽀송뽀송한 게 낫다. 하지만 깔끔하고 깨끗한 것을 좋아하는 정도를 넘어서 강박적인 모습으로 청결에 집착하게 된다면 성장과정에서는 물론 성인이 되어서도 그 스트레스는 고스란히 아이의 몫이 된다. 아이가 옷에 음식을 흘리고 묻히고 하는 것은 잘못된 일이 아니다. 그러니 크게 꾸짖거나 혼내지 말자. '즐거운 시간을 보냈구나', '뽀송뽀송한 옷을 입어서 기분이 좋겠구나.' 하고 아이의 행동을 인정해 주자.

강박증은 제때 치료하지 못하면 다양한 증상으로 나타날 수 있고 악화될 수 있기 때문에 유아기에 이런 증상이 나타난다면 상담을 받아보는 것이 좋은 방법이다.

30. 한 가지 물건에 집착한다

아이가 한 가지 물건에만 집착을 보이는 것은 정상발달 과정에서도 자주 볼 수 있는 현상이다. 이것을 애착의 이행현상이라고 하고 그 대상을 이행대상이라고 한다.

우리나라에서도 한 가지 물건에 집착하는 아이를 주변에서 쉽게 볼 수 있다. 애착인형, 애착이불 등 낡고 때가 꼬질꼬질 묻었는데도 아이는 집착하는 물건이 없으면 불안해한다. 애착물건은 엄마를 대신할 아바타 같은 존재이다. 아이들은 성장하면서 부모품에서 떨어져야 할 시기가 온다. 이럴 때 불안감을 해소하기 위해 나름대로 엄마(양육자)의 품 같은 부드러운 것들을 만든다. 애착담요, 머리카락 등이 그것이다.

스누피로 유명한 만화 피너츠에는 늘 담요를 끌고 다니는 아이가 나온다. 그 아이의 이름이 '라이너스'

인데, 라이너스는 담요(Blanket, 블랭킷)와 같이 소중한 무엇인가가 옆에 없으면 마음이 불안정해지고 계속 안절부절못한다. 이것을 심리학 용어로 '라이너스증후군', '블랭킷증후군'이라고 한다. 요즘은 아이들이 스마트폰에 집착하기도 한다.

이러한 애착행동을 완화하기 위해서는 아이의 감정에 공감해 주어야 한다. 아이의 행동을 혼내거나 애착물건 또는 대상을 빼앗거나 숨기는 것은 최악의 방법이다. 관심을 다른 곳으로 돌리게 한다든지 활동적인 놀이에 집중하게 하면서 서서히 다른 곳으로 분산시키는 것이 중요하다. 아이들에게는 스킨십과 애정 표현도 중요하다. 표현력이 약한 아이에게는 부모의 관심과 애정이 무엇보다 확실한 치료 방법이 된다.

31. 모든 물건을 입으로 가져간다

아이가 생후 6개월까지는 입으로 가져가는 것이 매우 정상이다. 애리조나주립대학교 심리학 교수인 질 스탬 박사는 "두뇌는 모든 것을 탐색하는 신체의 기관이다"라고 말했다. 아기에게 가장 예민한 감각이 입과 손에 몰려 있다. 이는 아기가 손가락을 빠는 이유다. 보통 3개월에서 6개월 정도까지 입에 가져간다고 생각하면 된다.

세 살 정도의 아이가 계속 손가락을 빤다면 스트레스가 있는지, 발달이 느린 것인지 그 원인이 뭔지 유심히 살펴보아야 한다. 아이의 행동에 대해 심하게 야단을 친다면 더욱 큰 불안감을 심어 주어 습관을 고치지 못하거나 나쁜 습관이 늘어나게 된다. 다른 놀이 활동으로 유도하거나 손이나 물건을 빨지 않았을 때 칭찬해 주는 것도 좋은 방법이다.

32. 밥을 먹지 않으려고 한다

엄마들이 일방적으로 "밥 먹어!", "밥 안 먹으면 텔레비전 못 보게 할 거야." 하고 말하면 아이는 "싫어. 안 먹어!" 하고 소리를 지른다. 아이가 밥 먹기 싫어할 때 아이를 혼내거나 무섭게 강제적으로 먹이려고 하는 행동은 최악의 훈육 방법이다.

이럴 때는 "엄마가 우리 ○○이 줄려고 맛있게 만들었는데 안 먹으니 속상해." 하고 엄마가 주체가 되어 느낌을 솔직하게 이야기하는 것이 중요하다. 일방적으로 야단치고 화를 내면 아이들은 스스로 결정한 일에 의문을 갖게 된다. "엄마가 어떻게 해주면 맛있게 먹을까?"라고 질문하면서 아이와 함께 문제해결 방법을 찾아야 한다. 무엇을 먹고 싶어 하는지 물었을 때 엄마가 원하지 않는 음식을 말할 수도 있다. 그럴 때 주도권은 엄마가 갖되 그 음식에 대해 공감해 주고 자연스럽게 밥을 먹을 수 있도록 유도한다.

33. 곤충이나 벌레를 괴롭힌다

어린아이들은 생명체에 대한 호기심은 있지만 동물의 유해함이나 유익함을 모른다. 식물이나 동물이 '죽는다'는 것도 이해하지 못한다. 아이들은 다른 아이들이 무서워하거나 피하는 걸 보고 자신의 우월감을 더 많이 보여 주려고 괴롭히기도 한다. 때로는 심리적인 불안감이 공격성으로 작용했을 수도 있다. 또 부모가 무조건 허용적이어서 아무렇게나 행동할 수도 있다. 이럴 때에는 작은 곤충이나 식물들도 귀중한 존재라고 말해 주면서 이유 없이 곤충을 죽이는 행동은 나쁜 것이라고 꼭 알려 줘야 한다.

34. 발표하기를 두려워한다

천성적으로 발표하기를 좋아하는 아이가 있는가 하면 부끄러워 발표하기를 꺼리는 아이도 있다. 정도의 차이가 있을 뿐 발표하라고 하면 누구나 어느 정도의 긴장을 한다. 발표를 두려워하는 건 자연스러운 현상으로 받아들이고 경험을 쌓는 게 중요하다.

2001년도 갤럽 조사에 따르면 미국인 중 40%가 사람들 앞에서 말하는 것이 두렵다고 답했다. 이는 죽음이나 질병보다 더 앞선다. 많은 사람들이 이렇게 발표를 무서워하는 것을 안다면 어느 정도 위로가 되지 않을까.

아이들은 앞에서 말하는 발표자에 대해서는 관심이 없다. 발표하는 사람만 심장이 두근거리고, 얼굴이 빨개지고, 목소리가 떨리는 등의 증상들이 나타난다. 발표 경험이 없는 아이는 자기 생각을 정리해 말하는 발표가 높은 산처럼 느껴질 것이다. 이럴 땐 많은 경험과 연습이 도움이 된다. 가족들 앞에서 책을 읽어 본다든지 노래를 해본다든지 등의 다양한 경험들을 통해 자신감을 쌓는 것이 좋다. 이때 부모는 칭찬과 격려로 용기를 불어넣어주는 것이 아주 효과적이다.

35. 편식을 한다.

식습관이 나쁘다

식사 시간마다 전쟁을 치르는 집이 있다. 부모가 숟가락을 들고 쫓아다니기도 하고 음식을 입속에 넣어 주면 인상을 쓰면서 뱉어 버리는 아이도 있다. 어떤 아이는 숟가락을 던지기도 하고 음식물을 흘려서 식탁을 어지럽히기도 한다.

또 한 가지 음식에만 집착하는 아이도 있고, 특정 음식은 절대로 먹지 않는 아이도 있다. 반면 유아기에 이유식을 하면서 질감, 맛, 냄새, 크기 등에 예민해질 수도 있는데도 잘 받아 먹는 아이도 있다.

한창 성장기에 안 먹으려고 하고 편식을 한다면 부모는 억지로 먹이려고 한다. 때로는 거래를 하면서까지 먹이려고 한다. '이거 사줄께', '애니메이션 보자.' 등등의 거래를 한다. 반대로 아이도 불만이 있을 때 이런 조건을 걸기도 한다.

매일 이렇게 하기는 힘들다. 부모들은 더욱 근본적

인 원인을 찾아야 하고 올바른 식습관을 갖도록 하기 위해 노력해야 한다. 억지로 먹이는 것은 금물이다. 아이가 어떤 음식을 싫어하는지, 짠맛·단맛 등에 예민한지 혹시 건더기가 큰지, 색깔이 싫은지를 잘 살펴볼 필요가 있다. 그래서 요리법을 바꾸거나 아이와 함께 요리해 보는 것도 좋은 방법이다.

만약 아이가 음식을 먹지도 않고 일어설 때는 골고루 먹고 다 씹고 삼킨 후에 일어서도록 지도한다. 돌아다니면서 먹을 때는 주변의 핸드폰, 텔레비전 등 흥미를 끌 수 있는 것은 모두 치워두는 것이 좋다. 그 대신 좋아하는 물건이나 장난감 하나쯤은 옆에 두고 먹을 수 있게 해준다. 숟가락을 던지거나 난폭해질 때는 혹시 맘에 들지 않는 것이 있는지 살펴볼 필요가 있다.

memo

3부

그림 해석의 이해와 오해

TEA

1. 그림 해석

- 그림을 잘 그리고 못 그리고는 아무 상관이 없다.
- 신체적인 상황을 이해할 필요가 있다.
- 단순하게 빨강은 열정적이고 검정은 어둡다라고 해석하는 건 위험하다.
- 미술치료는 그림을 그리면서 일어나는 모든 활동을 통해 소통한다.
- 그림을 통해 결과물을 얻으려고 하지 말라. 더 중요한 것은 미술 활동을 하는 과정이다.
- 미술치료는 아이들에게만 해당될 수 있는 것은 아니다. 성인에게도 잠재되어 있는 무의식적인 감정을 표현할 수 있는 기회가 될 수 있다.
- 미술치료는 정신질환자들만이 받는 게 아니다. 날로 각박해져가는 사회생활을 하면서 생긴 긴장감과 우울증으로 시달리는 사람들과도 비언어적 표현인 그림을 통해 소통해나가는 과정이다.
- 모든 과정을 그림으로 해결하는 것이 아니라 내담

자와의 언어적 소통이 먼저 되어야 편안하게 상담할 수 있다.

- 그림 그리기, 만들기 도구들은 한정되어 있지 않다.
- 미술치료사가 그림만 보면 다 알 수 있는 건 아니다. 그림의 내용, 내담자의 설명, 치료사의 느낌도 함께하여야 한다.
- 미술은 심상의 표현이다. 무의식적인 과거의 경험이 도구를 통해 표현됨으로써 내담자의 심리를 살펴볼 수 있는 근거가 될 수 있다.
- 그림만 보고 판단하면 안 된다. 열심히 하는 행동과 마음도 읽어 주어야 한다.
- 자녀들의 평소 생각과 감정을 살펴볼 수 있는 좋은 방법이 그림이다. 부모의 의도에서 벗어난다고 해서 강요하거나 유도하지 말아야 한다.
- 그림은 단순한 선과 도형만 가지고도 풍부하게 표현할 수 있으며 마음을 읽을 수 있기도 하다.
- 그림만 가지고는 판단하기 어려운 부분이 있다. 내담자마다 성장 배경이 다르기 때문이다.

- 그림 그리기를 거부하는 아이가 있다면 굳이 강행하지 않는다.
- 그림을 해석할 때는 아이의 연령, 환경, 성장 배경, 그림 그릴 때의 모습 등을 전체적으로 보고 종합적인 판단을 하는 것이 바람직하다.
- 그림 그리는 아이를 방치하면 안 된다.
- 그림 그릴 때 다른 아이들과 함께하는 것은 좋지 않다. 그러면 서로 비교하면서 솔직한 그림을 그리기가 힘들다. 반드시 '1:1로 그리게 하고 그림 실력을 보는 것이 아니다'라고 말하면서 편안한 분위기를 만들어 준다.
- 그림은 그린 아이가 다 그렸다고 하거나 모른다고 할 때 다그치지 말고 있는 그대로 인정해 주고 안심할 수 있도록 해야 부담을 느끼지 않는다.
- 아이가 마음껏 자기 자신을 표현할 수 있도록 다양한 채색 도구, 종이와 점토, 여러 질감의 도구들을 충분하게 준비해서 원활한 치료가 될 수 있도록 해야 한다.

2. 미술심리검사의 종류 및 해석

1. H(house)

집 그림을 통해 성장하면서 느꼈던 가정 상황과 내담자의 가족관계를 어떻게 인지하고 어떤 감정과 태도를 가지고 있는가를 살펴볼 수 있다.

2.T(tree)

개인적인 갈등의 경험, 인성과 무의식의 나의 모습, 자신의 방어에 대한 정신적인 성숙도를 볼 수 있다.

3. P(person)

사람 그림은 자아 개념, 정서, 왜곡된 표현 등으로 이상상이나 현실상을 나타낸다.

4. 가족화

삶의 이유 중 가족과 타인은 가장 중요한 의미를 가진다. 성장하는 동안의 정서, 욕구 등이 해결되지 못하면 고통스러운 삶을 살게 된다. 여러 가지 모습과 환경을 보면서 그림을 해석한다.

5. 비 오는 날 사람 그림(PITR: Person In The Rain)

자아 강도와 스트레스에 대처하는 능력의 수준을 확인하는 투사적인 검사다. 우산이나 장화를 신고 있거나 물웅덩이를 그릴 수 있다. 때로는 비를 맞고 있는 사람을 그리기도 한다. 사람을 그리는 위치에 따라 심리가 다를 수 있다.

6. 만다라 그리기

불안한 사람이나 노이로제 환자 등 안정과 이완이 필요한 사람에게 효과가 있다.

7. 신문지 격파놀이, 찢기놀이

공격적이고 스트레스가 많을 때 무언가를 찢고 부수고 싶을 때 효율적으로 풀어 주기 좋은 방법이다.

8. 사과나무에서 사과를 따는 사람 그림

사과를 따기 위해 어떤 노력을 하는가 본다. 사과나무에 사다리를 걸친 모습, 모자를 쓴 사람, 장갑을 낀 사람, 풍성한 과일나무 등 여러 모양으로 그리게 된다. 정답은 없다.

9. 나에게 편지 쓰기

표현하지 못한 말을 편지로 쓰면서 스스로 위로받는 도구가 된다.

10. 자화상 그리기

자신의 마음을 나타내는 도구가 된다. 자신을 어떻게 그리는지를 보면 자존감이 높은지, 낮은지를 알 수 있다.

11. 동적 학교 생활화(KDS)

크노프Knoff와 프로우트Prout(1988)에 의해 개발된 투사 검사다. 학생인 경우가 해당되는데 이를 통해 아동이 어떻게 적응하는지 알 수 있다.

12. 물고기 가족화

어항 속의 물고기 가족을 그려 보게 하여 가족간의 친밀도를 살펴본다. 물고기들의 방향 등을 잘 살펴볼 수 있다.

13. 점토 작업

아동들의 소근육 발달과 정서적 안정에 도움을 줄 수 있고 스트레스를 극복할 수 있다.

14. 감정파이 그리기

파이 모양을 등분하여 각 칸에 감정이 들어간 색을 칠하거나 단어를 쓸 수 있어서 내담자의 감정을 읽을 수 있다.

15. 데칼코마니기법

1935년 도밍게즈Oscar Domignuez가 최초로 발명한 무의식, 우연의 효과를 존중하는 합리적인 표현기법, 예상치 못한 좋은 모습, 싫은 모습 등을 수용하는 효과를 줄 수 있다.

16. 잡지 사진을 이용한 콜라쥬

불어로 'coller'(풀로 붙이다)에서 유래된 말이다. 1912년 입체주의에 의해 시도된 꼴라쥬의 기법이다. 사물과 서로 공감하며 우리 생활의 복잡한 감정들에 대한 치료 효과를 거두게 되면서 도입되었다.

17. 난화

Scribble은 켐Cane(1954), 나움버그Naumburg(1966)가 개발한 기법이다. 무의식 중에 그리는 낙서, 밑줄을 긋거나, 끄적거림 등이 내 마음을 표현한다고 본다.

18. 나무 젓가락 탑 쌓기

집중하여 여러 모양으로 탑을 쌓는다거나 집 모양, 도형 등의 모양을 만들면서 창의력과 성취도를 맛본다.

19. 성공 스토리 만화 그리기

6컷 또는 10컷으로 부정적인 삶에서 좋은 결과로 갈 수 있도록 유도할 수 있다. 이때 대화를 통해 많은 정보를 나눌 수 있다.

20. 사포 퍼즐화

사포라는 매체로 등분하여 친구들이나 가족이 한 가지 주제로 통일시켜서 그린 후 퍼즐을 맞추다 보면 만족스러운 결과가 나올 수 있다.

3. 미술치료 환경

- 채광과 통풍이 잘되는 공간.
- 미술 도구가 충분히 준비되어 내담자 스스로가 선택할 수 있으면 좋다.
- 편안하고 내담자가 피할 수 있는 그런 분위기가 되면 좋다.
- 문을 여닫는 것이 쉽고 필요할 때 나가기도, 들어오기도 쉬운 공간이어야 한다.
- 음악을 들어도 좋다.
- 그림을 그리는 중에 필요하다면 즉흥적인 인형극 놀이도 할 수 있도록 동물 인형이나 사람 인형이 있으면 좋겠다.

memo

4부

내 자녀의 미술치료

1. HTP(집, 나무, 사람)의 그림 분석

종이(A4 용지, 연필 2B 또는 4B), 지우개, 크레파스 등의 물품을 준비한다. 그림을 잘 그리는지를 보려는 것이 아니라고 말해 준다. 편안한 마음으로 있는 그대로 그리라고 한다. 먼저 A4 용지 크기의 백지를 가로로 아동에게 제시한다. 집, 나무, 사람을 각각 그려 보아도 되고, 세 가지 모두 들어가는 그림을 그려 보라고 해도 된다.

HTP House·Tree·Person 집·나무·사람는 투사적 그림 검사로 벅Buck(1948~1966)이 지능과 성격을 모두 측정하는 수단으로 사용하였다. 집, 나무, 사람은 누구에게나 친근감을 주는 소재이고 모든 사람이 쉽게 받아들일 수 있으며, 자유롭게 표현할 수 있는 소재다. 무의식의 활동과 상징성이 풍부한 소재다. 아동이 종이를 수직으로 돌려서 그림을 그리는 경우 의미를 둘 수도 있다. 시간 제한은 없으며 시간을 기록해 두자. 다 그리고 난 후 질문을 해보자.

크기/세부 묘사	
큰 그림 (종이에 꽉 참, 벗어남)	표현을 적절히 조절하지 못할 때, 공격성, 과잉행동, 충동성
작은 그림	가정환경에 느끼는 감정의 위축, 열등감, 소심함, 낮은 자신감, 수동적, 우울증, 상황에 맞지 않는 낙천성
아주 작고 공허함	정서장애
조화롭지 못하고 부적절함	불안감, 위축감, 부적절하다고 느끼는 감정
묘사를 생략함	공허함, 우울증, 필수 부분 생략한 것은 정서적 혼란
거의 상세하지 않음	우울증, 기질적 요인, 회피, 보편적인 결함
적당한 세부 묘사가 결여	낮은 에너지, 우울
과도한 묘사	강박적, 지나치게 깔끔함, 환경이나 타인에 유연성 있게 접근하는 것이 곤란

왜곡, 생략/대칭	
왜곡, 생략 (이해가 안 되는)	내적 갈등, 위축
대칭 결여	부정적인 자기 개념
지나친 비대칭	산만, 통제력 부족

순서/속도/지우기	
혼란스러운 순서	충동적, 과도한 활동
그릴수록 속도가 느려짐	심적 에너지가 필요한 상황, 피곤함
그리다가 다시 그릴 때	지우기 전에 그린 것: 내면적인 것
변화된 그림	지우고 다른 형태로 그린 것: 그렇게 보이려는 경향
옅게 스케치하다가 그 위에 여러 번 덧칠하여 진하게 그림	자신감이 없음, 불안감
지우고 그림(나빠졌을 경우)	정서적 갈등
여러 번 지움	내적 갈등, 초조함, 자기 불만족, 지운 부분의 갈등
불완전한데도 다시 그리지 않음	회피, 거부 반응

위치/절단	
중앙	안정감
오른쪽	외향적, 미래지향적, 지적 만족감, 남성적, 권위적 대상에 대한 부정
왼쪽	충동적, 내향적, 과거지향적, 여성적
위	욕구 수준이 높음, 대인관계에 무관심, 어려운 목표를 놓고 갈등하거나 스트레스를 느낌
아래	내면의 불안감, 공상에 잘 빠짐, 현실적인 것을 지향
귀퉁이에 몰아 그림	위축감, 두려움, 자신감이 없음
왼쪽 귀퉁이	불안감, 새로운 경험을 하는 것을 회피함
오른쪽 상단 구석	미래에 대한 과도한 낙관주의, 환상
왼쪽 상단 구석	불안정감, 위축감
밑바닥이나 가장자리	자신감이 없음, 의존적, 환상 속에 머물러 있으려 함

선/스트로크	
경직된 선	완고함, 공격적
획을 길게 그림	행동을 적절히 통제함
획을 직선으로 그림	자기주장적, 민첩성, 의사결정을 잘 내림, 단호함
수평(가로)의 선 강조	연약함, 두려움, 자기보호적 경향, 여자다움
수직(세로)의 선 강조	남성적인 단호함
획을 여러 방향으로 바꿈	불안정감, 정서적인 동요, 불안감
둥근 선	의존적, 여성적
지그재그, 톱니 모양	적대감, 불안
그림자를 넣음	대인관계 불안감, 민감성, 우울감
긴 스트로크(여러 터치)	자신감, 자신을 통제함
짧은 스트로크 (짧게 끊어 그림)	불안감, 인간관계 갈등, 흥분을 잘함
스트로크의 방향이 일정하고 망설임이 없음	목표를 정하는 것이 가능함, 인내심, 안정감
곡선의 스트로크	자기주장적
연한 선의 불연속적인 스케치	자신을 드러내지 못하는 소심함

필압	
강함	긴장감, 불안감, 스트레스 상황에 처하면 불안해한다, 공격성, 충동적
약함	적응을 잘하지 못함, 자신감이 없음, 우유부단, 망설임, 불안정감
희미한 선	수줍음

2. 집 그림

종이(A4 용지, 연필 2B 또는 4B), 지우개, 크레파스 등의 물품을 준비한다. 그림을 잘 그리는지를 보려는 것이 아니라고 말해 준다. 편안한 마음으로 있는 그대로 그리라고 한다. 먼저 A4 용지 크기의 종이를 가로로 준다. 세로로 방향을 바꾸는 건 그대로 둔다. 아동이 종이를 수직으로 돌려서 그림을 그리는 경우 의미를 둘 수도 있다. 시간 제한은 없으며 시간을 기록해 두자. 다 그리고 난 후 다름과 같은 질문들을 해보자.

- 누구의 집일까?
- 누가 살고 있을까?
- 이 집의 분위기는?
- 무엇으로 만들어졌을까?
- 나중에 집이 어떻게 될 거 같은가?
- 이 집은 지금 살고 있는 집보다 클까, 작을까?

- 이 집은 가까이에 있나, 멀리 있나?
- 이 그림의 날씨는 어떠한가?

집을 바라보는 관점	
위에서 내려다 봄	자신을 우월하게 느낌, 가정 형편에 대한 불만, 가정에서 벗어나고 싶은 욕구
아래에서 위로 올려다 봄	가족관계에서 수용되지 못함, 거부당하는 느낌, 애정 욕구
방 안에 방의 모습 (투시화)	자아통제력 상실
쳐다봄	열등감, 가정으로부터 행복을 얻지 못함
멀리 봄 (멀리 떨어진 집)	집과 멀리 떨어지고자 함, 가족에게 위로받을 수 없다고 여김

굴뚝/연기: 가족간의 관계, 애정 교류	
굴뚝 강조	가정에서의 심리적 온정에 대한 지나친 관심
지나치게 큼	가족 내 사랑에 집착, 따뜻한 가정을 위한 지나친 걱정
다른 것에 의해 전혀 보이지 않음	자극을 주는 감정을 회피
한 가닥의 엷은 선의 연기	가정의 따뜻함의 결여
오른쪽에서 왼쪽으로 흐르는 연기	미래에 대한 염세적 견해

지붕: 내적 생각, 자기 생각, 관념	
지나치게 큼	지적으로 높은 수준, 위축, 대인관계에서 좌절감
작음	불안감, 내적인 인지 과정이 활발하지 않음, 억제, 억압
그리지 않음	공상력이 없음
지붕과 기와를 세밀하게 그림	집착

창: 대인관계, 외부 환경과의 상호 작용	
그리지 않음, 손잡이, 창틀이 없음	대인관계에 대한 불편감 위축, 환경에 관심이 적음
대단히 작은 창문	심리적인 거리감, 수줍음
많이 그림	과도하게 자신을 개방, 타인과 친구관계를 맺고자 하는 욕구가 큼
커튼, 화병, 사람 등으로 창문이 가려지지 않게 그림	한두 가지를 그리되 창문은 가리지 않게 그린 것이 적절함, 대인 관계가 원만함
창이 가려질 정도의 장식	대인관계에서 자신이 상처받지 않음: 환경에 능동적으로 관여, 개입하고자 함
차양이나 커튼	막혀 있을 때: 타인과의 소통을 싫어함, 수줍음
	창문을 가리지 않음: 환경과 자신과의 관계에 약간의 불안을 느낌, 빈틈없이 행동
격자가 많음	외부 세계로부터 자신을 멀리하려고 함
창문의 크기가 다름	그 방에 있는 사람에게 관심이 많음
반원, 원형	여성, 신사, 부드러운 성품

방: 그 방과 관련된 경험을 반영	
침실 강조	아주 조용함, 우울함
욕실 강조	인색하고 성을 잘 냄, 아는 체를 잘함, 강박적으로 청결
식당, 부엌 강조	양육을 위한 장소, 애정에 대한 욕구
오락실 강조	놀이를 위한 장소
불결한 방	가정, 자신에 대한 적개심

벽: 자아 강도와 통제력	
허술함	자아 강도가 약함
망가지고 무너짐	붕괴하고 있는 자아
견고함	자아 강도가 강함
그리지 않음	현실에 대한 심한 왜곡, 자아 붕괴
한 면만 그림	우울, 시기심이 많음
정교한 벽 무늬	사소한 것에 과도한 집착, 자기통제감을 유지하려는 강박적 완벽주의
얇은 벽	약한 자아, 상처 입기 쉬운 자아

추가할 만한 것과 특이 사항	
집 주위에 다른 것	집에 만족하지 못해서 다른 것에 관심을 가짐
태양	부모와 같은 존재 갈망, 애정 욕구, 힘/따뜻함에 대한 욕구
나무를 크게 그려 지붕이 덮임	자기를 돌보거나 지배하는 강력한 존재(부모)와 같은 자기 대상을 경험하고 있음
집을 가리키고 있는 나무	의존에 대한 욕구
울타리	안전함을 방해받고 싶지 않음
하수구	방어성이 강함, 의심이 많음
산이 자세하게 그려짐	어머니의 보호를 구함, 안전에 대한 욕구
큰 집	자신감
특수한 집(교회, 절), 아파트, 다른 환경, 큰 방	가정에 대한 불만, 갈등, 현실에 불만

나무의 종류(나무: 무의식적인 자아상, 정신적 성숙도, 자신의 마음 상태)	
소나무, 상록수	활력이 넘치는 존재
낙엽수	다른 힘에 의해 자신이 움직여지고 있다는 감정
고목	열등감, 무력감, 우울감, 죄책감, 움츠러듦
그루터기	심한 유약감, 위축감, 우울감, 병적인 암시, 심적 외상, 무의식 중에 재출발하려고 노력함
버드나무 (밑으로 처지는 나무)	폐쇄적, 자기 주장이 약함, 우울
사과나무	애정 욕구

3. 나무 그림

종이(A4 용지, 연필 2B 또는 4B), 지우개, 크레파스 등의 물품을 준비한다. 그림을 잘 그리는지를 보려는 것이 아니라고 말해 준다. 편안한 마음으로 있는 그대로 그리라고 한다. 먼저 A4 용지 크기의 종이를 세로로 준다. 시간 제한은 없으며 시간을 기록해 두자. 다 그리고 난 후 다음과 같은 질문들을 해보자.

- 이 나무는 어떤 종류의 나무일까?
- 나무의 나이는 몇 살인가?
- 나무가 죽었을까, 살았을까?
- 나무 주변에는 어떤 것들이 있을까?
- 나중에 나무는 어떻게 될까?
- 나무를 그리면서 생각나는 사람이 누구인가?

그리는 순서/크기/기울기	
잎을 맨 먼저 그림	마음의 안정성이 없음, 허식을 구하는 경향
지면선을 먼저 그리고 나무를 그림	타인에게 의존적임, 인정받고 싶어함
나무를 그린 후에 지면선을 그림	처음에는 침착하지만 곧 불안해짐, 타인의 인정을 구함
윤곽선이 강함	자신의 성격에 대한 위협을 지나치게 방어하려 함
용지 밖으로 나와 절단	통찰력 부족, 생활 공간으로부터의 일탈, 회피, 적의
큼	현실적인 활동에 만족
지나치게 큼	과시, 잘 보이고 싶어함
너무 작음	열등감, 무력감, 움츠러듦
왼쪽으로 기욺	자기 방어적, 자기애, 내향적, 게으름
오른쪽으로 기욺	외향적, 타인에게 접근하려 함, 활동 의욕, 적극적, 자극에 쉽게 움직임, 침착, 미래지향적

줄기(기둥): 내적 소질(충동, 생명력), 자기 대상의 힘/줄기(기둥) 윤곽선	
그리지 않음	자아 강도 약화, 자기 부적절감, 수동성, 우울함
지나치게 굵음(큼)	공격적, 환경에 대해 적극적, 자아 강도가 약한 것을 과잉 보상하고자 함
넓음	높은 에너지
좁고 약함	약한 에너지, 자기 자신에 대해 위축, 약하게 느끼고 무력함
적은 줄기	자신에 대해 무력감을 느낌
한 개의 선으로 그려짐	무력감, 결단력 상실, 부적절한 만족을 추구
아래가 좁아짐	유년기의 환경에 따뜻함이 부족, 성숙되지 않음
폭이 일정하게 곧음 (일자형)	융통성 부족, 현실감 결여, 경직, 적응력 부족
뿌리 부분을 지나치게 강조	느리지만 착한 사람, 이해력이 둔함

휘어짐, 기울어짐	내적 자아의 힘이 어떤 외적 요인에 의해 손상되거나 압박을 받고 있음
바람에 흔들림	환경에 의해 압박, 긴장
위로 뻗지 못함	압력을 느낌, 체념, 달성 욕구 상실
강한 윤곽선	자아 혼란에 대한 두려움
흐리고 약한 윤곽선	성격 구조, 강한 불안감
짧음, 끊어진 줄기선 (가지선)	예민, 신경질적, 흥분을 잘함, 과민성, 인내심 부족
물결 모양	생동감, 활력, 적응력 강함
베어진 줄기	열등감, 죄의식
줄기의 돌기 부분	충격을 극복하고 긍정적으로 풀어나감

수피(줄기 표면, 껍질): 외부, 타인과의 접촉	
비늘 모양, 거침, 톱니 모양의 선	거침, 고집스러움, 불만이 많음, 화를 잘 냄
뾰족, 모가 난, 세로줄 여러 개, 여러 개의 네모 형태	민감, 상처받기 쉬움, 사나움, 깐깐함, 잘 느낌, 감동을 잘함, 감성적, 화를 잘 냄, 과격함
곡선, 둥근. 활 형태	적응 의지 높음, 매력적
상흔, 얼룩, 반점, 옹이 구멍	상실감, 성장 과정에서의 외상적 사건, 자아의 상처, 외상 경험 시기(옹이 구멍의 위치)

수관	
균형 잡힘	자신감, 안정감, 조용함, 성숙됨, 균형을 잡음, 자기 과시
지나치게 큼	공상과 상상에서 대리만족을 하려고 함, 사고가 원활하지 않음
그리지 않음 (나뭇잎도 없음)	활력이 없음
오른쪽 강조 (크게, 치우침)	경험 욕구, 명예욕, 과시욕, 의미 있는 존재로서의 욕구, 허영심, 자만심, 우유부단, 불안
왼쪽 강조 (크게, 치우침)	내향성, 침착함, 조용함, 거부, 수줍음, 하찮은 일을 골똘히 생각함, 폐쇄적
구름, 목화 송이 모양	평범하고 형식적임
수관이 둥글고 부드러움	밝고 사교적이지만 기분파임
양 끝으로 쳐짐	의지가 약하고 결단이 느림, 감정에 의해 움직임
줄기가 길고 수관이 작음	아동이나 노인 그림에서는 일반적인 그림임

가지: 무엇인가를 달성하고자 하는 힘 (스스로 보는 능력, 가능성, 적응성)	
그리지 않음	타인과의 소통에 불안감, 상호 작용을 억제
죽은 가지	생활의 일부에서 상실감, 공허함을 느낌
지나치게 큼	성취 동기나 포부 수준이 높음, 자신이 없고 불안
너무 작음	수동성, 세상과 환경을 향한 억제된 태도
나무는 크나 가지가 없음	과잉으로 보이기 원함
밑 부분이 굵고 끝이 가늠	조화로운 환경에서 만족감을 얻는 능력이 있음
잎 없이 길쭉	지나치게 내향적, 위축
끝이 날카로움, 창끝	내면에 적대감, 공격성, 비판성, 감수성이 강함, 비행청소년
가시 모양	공격적, 자기 공격, 방어 자세, 날카로움, 민감함
곤봉처럼 그림	강한 적의
한 개의 선	자아가 약함, 무력감, 위화감을 안고 있음

가지와 잎이 땅에 닿을 듯함	우울감, 무기력감
완벽한 대칭	상호 작용에 대한 두려움, 융통성 부족, 경직
가로의 가지	창작욕, 외향적, 소유욕, 보상 욕구, 억지, 포기하지 않음
줄기 끝이 역방향	자기중심적, 내향적, 생각에 파묻힘
끊어진 가지	비약적, 부주의적, 성급함, 즉흥적, 충동적
휘어진 가지	아래가 좁게 휘어짐: 과거에 대한 갈등, 좌절감이 있음 약하게 휘어짐: 자기 제어와 극복, 신중함, 소심함 강한 휘어짐: 강박 상태, 경직성, 억제, 부적응 너무 길게 늘어짐, 휘어짐: 재능 결여. 지적 성취력 결여
섬세하고 가늠	과민함, 높은 감수성, 예민한 반응력
가는 줄기에 두꺼움	거침, 조잡함, 난폭함, 무례함
두꺼운 줄기에 가늠	환경에서 만족을 얻을 수 없음

뿌리: 내적 자신에 대한 안정감, 현실과의 관계	
그리지 않음	현실 속에서의 자기 자신에 대한 불안정감, 자신 없음
뿌리 없이 지면을 그림	내적 불안정감
용지의 하단을 지면으로 사용	불안한 감정을 해소하려고 함, 의존적 성향
지나치게 강조	미성숙, 자신의 불안감을 과도하게 보상하려고 시도
발톱처럼 뾰족함	두려움, 공포
말라죽은 뿌리	유년기 경험과 관련된 우울감

열매 / 잎	
열매	사랑과 관심을 받거나 주고 싶어 함, 자기 능력 과시, 미성숙 열매가 많음: 결실을 거두고자 하는 소망, 성취 욕구
잎사귀	인정받고 싶음, 이해력 있음, 안정에 대한 욕구, 활기참, 성공 중시, 충동적 - 잎을 꼼꼼하게 그림, 큰 잎을 그림: 강박 증상 - 가지에 비해 큰 잎: 표면적으로는 적응 - 날카로운 잎: 예민함 - 손 같이 생김: 접촉하려는 온정
떨어지는 잎, 가지, 열매, 열매를 따감 (계절의 영향인지 질문이 필요함)	좌절감, 상실감, 쉽게 의견을 말함, 예민함, 감수성
과일이 모두 땅에 떨어짐, 다른 사람이 과일을 모두 따감	애정 욕구에 대해 어머니로부터 거절당한 느낌 (자신은 과일로, 어머니는 나무로 투사함)

지면의 선	
과하게 강조	불안감, 의존 욕구가 강함
그리지 않음	불안감
언덕, 비탈, 양끝이 내려감	고립되어 있음, 어머니에 대한 의존심, 외로운 감정
경사짐	자신의 심리적 지위가 불안정, 적응력이 약함

자연물	
태양	권위 있는(부모) 대상에 대한 감정 - 지는 해: 우울
나무와 태양 사이에 구름	의미 있는 어떤 사람에 대한 불만
태양이 닿을 것 같은 가지	애정 욕구가 채워지지 않음
낮은 곳에 있는 큰 태양	나를 지배하는 사람에 대한 두려움
태양의 광선이 나무에 집중	지배받고 싶어함
달, 별을 배경으로 그림	모성적인 것에 대한 관계, 적적함, 외로움
나무가 바람, 비에 의해 흔들림	환경으로부터 압력을 느낌
바람	자신을 통제하는 힘에 의해 지배되고 있음
여러 풍경	몽상적, 큰 공상력, 감정 풍부, 수다스러움, 영향을 잘 받음, 우유부단

그 외 첨가	
큰 나무 옆의 작은 나무	혼자 있기 어려움, 의존적
꽃	현재에 만족, 버릇없음, 성급함, 외모 중시
싹, 꽃봉오리	성장의 연기나 정지 상태, 겨울잠
먹이 주는 곳, 새알, 바구니, 하트	장난스러움, 익살스러움, 재치 있음, 짓궂음
새 둥지, 가지 위의 나무집	숨고 싶은 안전한 것을 찾음
새집, 새, 뱀, 곤충, 동물	미성숙
옹이 구멍 속의 동물임	손상된 자아를 회복시키고 싶어함
여러 풍경	몽상적, 큰 공상력, 감정 풍부, 수다스러움, 영향을 잘 받음, 우유부단

특수한 나무	
수관이나 줄기를 사람 모양으로 그림	어린이일 경우 익살스러움
줄기의 한 부분만 그림, 굵은 가지를 그림	통찰력 부족
나무 줄기나 가지에 받침, 분재	자주성 결여, 불안정감, 지지와 보호를 구함
죽은 나무	부적응, 사회적으로 위축, 우울증
집을 향해 심한 비대칭이 형성되어 있음	가족이나 안정에 대한 관심, 애착
집에서 먼 쪽으로 가지와 잎이 무성함	가족의 다른 가치들을 거절, 경시
집에서 멀리 떨어져 있음	가족들에게서 멀리 떨어져 독립적으로 성장한 경우
집의 꼭대기에서 자라는 나무	자신의 생활을 가족들에게 의존함, 가족이 없는 경우

나무의 나이	- 자신보다 어림: 지적 미성숙, 공격성 - 자신보다 너무 많음: 내적인 미성숙을 부인
개가 나무에 오줌을 싸는 것	자신에 대한 가치감과 자기 존중감의 결여, 부적절함
나무를 베는 남자	아버지와의 관계에서 단절감, 손상된 감정
가지에서 그네를 탐	생활의 일부분을 타인의 희생에 초점을 둠
언덕 위의 나무	정신적인 의존성

4. 사람 그림

사람을 그리라고 하고 만화처럼 그리지 말라고 말해 준다. 다 그린 후 다른 종이에 반대되는 성을 그리라고 한다. 시간 제한은 없으며 시간을 기록해 두자. 다 그리고 난 후 다음과 같은 질문들을 해보자.

- 이 사람은 누구일까?
- 이 사람은 몇 살일까?
- 이 사람은 무엇을 하는 사람일까?
- 이 사람은 어떤 생각을 할까?
- 이 사람의 기분은 어떨까?
- 이 사람의 소원은 무엇일까?
- 나중에 이 사람은 어떻게 될까?
- 이 사람은 행복한가?
- 이 사람의 건강 상태는?
- 이 사람을 그릴 때 누구를 생각했나?

그리는 과정/태도	
이목구비를 마지막에 그림	정서적인 혼란, 사회적 관계에 어려움을 느낌, 무능
얼굴을 마지막에 그림, 얼굴 내부를 그린 후 윤곽을 그림	사회적 관계에 있어서의 어려움, 대인관계 문제
동체부터 그림	자아 개념이 충분히 형성되어 있지 않음
의복을 먼저 그림	인간관계에 문제가 있음, 냉정함
가장 먼저 다리(발)를 그림	실망, 강한 우울
손을 가장 나중에 그림	부족감, 환경에 저항
반대 성을 먼저 그림	성 역할의 혼란, 반대 성 부모에 대한 강한 애착(의존적)
긴장	그림 분위기가 긴장된 심리 상태

반항	수줍음, 불안 회피, 우울증
머리, 허리 선 아래를 그리는 것을 망설임	그 부분의 상징적 의미와 성적 혼란, 성적장애
그리는 순서에 혼란이 있음	충동적, 과도한 활동, 혼란스러움
부정적 태도	낮은 자존감, 비난을 피하고 싶어함, 우울증
수정, 생략	그 부분에 대한 불만, 신경증, 강박증, 조울, 우울, 신체 결함
형태를 선으로 지우고 다시 그림	그리는 대상에 대한 진실한 감정, 이상적인 감정
과하게 지움	불확실성, 우유부단, 침착하지 못함, 자신에 대한 불만족
회전	방향 감각이 없음, 불안정, 부당한 느낌

남자와 여자 그림 관계	
남자가 그림	- 남자를 먼저 그리고 여자 그림보다 아주 큼: 성 정체감에 대한 불확실성, 우월감을 느끼고자 함 - 남자 그림이 여자 그림보다 작음: 성 정체감에 대한 양가감정, 열등감 - 여자를 먼저 그리고 남자보다 더 큼: 성 정체감에 대한 불안감, 열등감, 자기 대상에 대한 여성에 수동적, 순종적임 - 여자를 더 작게 그림: 여성을 무시하고 자신을 주장하고자 함, 성 정체감에 대한 양가감정
여자가 그림	- 남자를 먼저 그리고 여자 그림보다 더 큼: 성 정체성에 대한 불안, 열등감, 부적절감, 남성을 향한 순종적인 태도 - 남자를 더 작게 그림: 성 정체감에 대한 양가감정, 남성을 무시하고 스스로를 주장하고 싶은 욕구 - 여자를 먼저 그리고 남자보다 크게 그림: 성 정체감에 대한 불확실성, 남성에 대해 우월감을 가지려고 함

그림 방향	
경계를 넘음, 도화지 상단에	대인관계에서 지나치게 자신을 내세우려 함
왼쪽으로 보는 인물	내성적, 이기적
도화지 왼쪽	자신에 대한 부분
도화지 오른쪽	환경에 대한 부분
도식적	경직, 압박감

방향/대칭	
정면(뒷면)	엄격함, 직접적으로 삶과 직면하려는 결의
모든 그림이 완전히 정면	경직성이 있어 타협이 되지 않음
뒤통수를 그림	세상과 직면하기를 원치 않음
앞 모습 같으면서 옆 모습	사고장애, 자기 자신에 대해 긍정적이지 못함
옆 모습	자신감 부족, 외모에 대한 자신감의 결여, 신중하고 복잡함
완전히 옆 모습 (한쪽 팔, 한쪽 다리)	환경에 직면하는 것을 두려워하는 자기 폐쇄적
얼굴 정면, 몸 측면	자아정체성에 대한 양가감정
얼굴 측면, 몸 정면	사회적으로 무엇인가가 잘 되어가지 않음, 죄의식
얼굴 측면, 몸 정면, 다리 측면	판단력 빈약

완전히 옆으로 향하여 한쪽 팔, 한쪽 다리만 보임	환경에 직면하는 것을 두려워함, 자기 폐쇄적, 친근한 것에만 접촉하려고 함
여자 정면, 남자 측면	- 남성: 자기 방어의 표시 - 여성: 자기 노출 준비가 됨
여자 측면, 남자 정면	남성의 경우: 자기 방어가 강함
대칭성 결여	불안정감, 신체적인 측면에 부적응감
정확한 대칭	우울, 신체의 부조화를 두려워함, 죄책감
기계적이고 형식적인 대칭	망상형
대칭성 무시	자발성으로 주의가 산만, 통제력이 없음

음영, 미완성	
음영, X 표시	감정적으로 불안정
극단적인 음영	자신감 결여
전체적 음영	우울증, 부정적
미완성	우울, 회피, 낮은 성취율

얼굴/표정	
그리지 않음, 부적절	대인관계에서 도피적
세밀한 묘사	여성의 육체적인 매력에 대한 갈망, 강박적
화장	자기도취, 청소년인 경우: 성적 비행 경향
희미함	대인관계에 동반하는 갈등을 회피
작음	자아 강도가 약함
이목구비 강조	사람과의 정서적인 것에 집착
과도한 강조	외부 상황에 관심을 가짐, 공격적, 연약함, 호전적
달걀형	여자다움, 예민, 심미적
사각형	힘 있는, 남성다움
코, 입술 주변의 선	얼굴에 대한 성숙, 정서적 성숙
이마	- 주름: 지적 열망, 감정적 조절에 대한 스트레스, 신경쇠약, 성숙한 인상 - 앞 이마가 불룩함: 매우 지성화된 목표와 야망 - 강화: 정신적 통제, 전두엽 손상

턱: 경험적으로 자기 주장성과 관련됨	
턱 강조	자기 주장적, 자기 주장적인 태도가 지나쳐 공격적으로 나타날 수 있음, 지배욕
있는 듯 없는 듯 생략	자기 주장성 부족, 대인관계에서 수동적임
강하고 돌출됨	권위, 우월이 필요하거나 얻으려 애씀
약함	사회적 지위에서의 약함
쪼개진 선	목표를 달성하려는 노력, 결심
턱수염	지위, 힘

윤곽: 내적인 조화감, 인지적·정서적·행동적 요소의 통합 여부	
막대기 모양	내적 자기 부적절감, 불안정감이 강함, 낮은 IQ
윤곽만 있고 속은 비었음	공허감, 우울, 성취감 부족, 위축감
네모, 동그라미, 기하학적 모양	현실 지각의 손상
투명	현실을 비꼼, 낮은 지능

머리: 인지적(지적) 능력, 공상 활동에 대한 정보	
그리지 않음	사고장애, 신경학적장애
물건이나 모자 등에 머리가 다 가려짐	자신의 지적 능력에 대해 매우 자신이 없음, 불안감을 느낌, 세상에 나가는 것을 회피
너무 큼	자신의 지적 능력에 대해 불안을 느끼지만 과도하게 보상하고자 하는 욕구
너무 작음	지적 표현과 관련해 수동적
도형으로 그림 (네모, 세모)	지적 능력의 왜곡장애
윤곽선을 강조	혼란시키는 공상, 강박 관념, 환각 등에 대해 통제력을 유지하려는 강한 노력

머리카락: 외모에 대한 타인 시선에 대한 관심, 중요도	
공들여 그림, 묘사	미적인 것에 관심, 허영심, 자기과시, 자기애적 자만심
물결 모양의 머리카락	자기도취, 청소년의 경우: 성적 비행 경향
그리지 않음, 부적절함	낮은 신체적 활력, 외모에 자신이 없음, 위축감
짙은 음영	공격성
음영이 없음	우울, 적개심
헝클어짐	남성에 대한 불신, 성적 부도덕, 우울
자유롭지만 정돈됨	성적으로 매력 있고 활동적인 여성
단정함	여성상: 성적 통제
머리 장식 강조	자기도취
머리숱	- 너무 많고 진함: 지나치게 적극적, 자기 주장적 - 적음: 성적인 면에서 지나치게 수동적, 억제적

귀: 정서 자극을 수용, 반응하는 방식	
그리지 않음, 모자 머리카락으로 귀를 가림	타인의 시선에 예민하고 두려워함, 타인의 얘기를 듣기 싫어함
큰 귀	남의 말을 잘 듣고 수용하려고 함
작은 귀	비판을 듣지 않음, 회피, 정서적 자극을 피하고 싶음
귀 강조	외부 세계에 대해 민감, 청각장애
덧칠, 머리카락 사이로 보임	비판에 민감, 관계 망상의 가능성
비대칭	외부의 위험에 대한 관심

눈썹/속눈썹: 타인과 정서적으로 교류하는 것에 과민하거나 집착하려는 경향이 있음	
정교한 눈썹	고상함, 과도한 외모 관심, 자기애
정돈된 눈썹	세련되고 몸치장을 잘함
무성한 눈썹(숱이 많음)	무뚝뚝함, 노골적, 거침
위로 치켜 올라간 눈썹	경멸적인 태도, 건방짐
조잡한 눈썹	야만적, 난폭, 노골적
반 원의 아치 모양	경멸적인 태도
진하게 그림	공격적인 태도
속눈썹	여성상에 그려짐, 아름다움, 타인의 주목을 받으려 함

눈: 태도나 기분을 드러냄, 감정에 대한 표현	
그리지 않음	타인과의 교류를 회피, 불안
튀어 나옴	호기심, 성적 흥분
한쪽 눈만 그림	접근과 회피의 양가감정
비대칭	외부의 위험에 대한 관심
유난히 큰 눈	사회적 의견에 민감, 외향적, 의심, 사회적 의견에 대해 과민 - 성인이 큰 눈을 정성스럽게 그림: 호기심이 강함
눈이 검고 위협적, 날카로움	공격적 표출 경향, 미심쩍음, 증오
눈에 음영	불안
너무 작음	내향적, 자아도취, 내성적
날카로움	과도하게 경계함, 의심
옆을 봄	눈치를 봄

감은 눈, 모자에 의해 감춰짐	내가 보지 않았으면(혹은 남이 나를 보지 않았으면) 하는 마음, 정서적 무관심
작은 눈에 큰 눈동자	강한 시각적 호기심
머리카락, 모자로 가려짐	적개심, 불쾌감 차단, 내향적, 자기도취
텅빈 눈, 윤곽만 그림	내성적, 자아도취, 내적인 공허함, 타인의 감정을 알고 싶지 않음
점(동자만)	남이 먼저 다가와 주길 바람
+로 그려짐	잠재적인 적의
피카소의 눈	다른 사람에 대해 과도한 관심, 경계심
눈꺼풀, 속눈썹	정서적 교류에 과민 집착, 강박적, 자기애
만화적인 눈	다른 사람과의 교류를 불편해함
너무 진함, 강조	교류에 있어 불안감, 긴장감, 의심

코: 환경으로부터 정서적 자극을 어떻게 받아들이고 반응하는지, 외모에 대한 관심 여부	
그리지 않음	타인에게 어떻게 보일지에 대해 예민함, 불안, 성에 대한 갈등
긴 코	공격성, 외형적, 활동적
단추 모양	아동기적인 의존성
평평함	공격성, 접근이 어려움
날카로움	공격성, 우월함 추구
강조, 뚜렷한 콧구멍	대인관계에 매우 미성숙한 태도, 천식, 공격성
코가 큼	정서적 자극에 예민함, 외모에 지나친 관심을 가짐, 성적 두려움, 우울증
너무 작음	외모에 대해 자신이 없음, 위축, 타인과의 감정 교류에 대해 수동적

입: 생존, 심리적인 충족 등과 관련된 정서적 이슈	
그리지 않음	애정 교류에 좌절감, 관계(부모) 갈등, 애정 욕구, 소통 거부
단선	긴장 상태
지나치게 큼	말하는 것을 피곤하게 생각함, 지나치게 내성적, 애정 교류에 불안을 느낌
지나치게 작음	말의 갈등을 차단하고 싶음, 타인의 애정을 거절함, 상처받지 않으려고 상호작용을 피함
입 강조	잔소리를 싫어함, 언어 문제(장애), 미성숙
활 모양	청년기의 성욕, 자기도취, 성적 조숙, 허영심이 강한 소녀
이가 드러남	유아적, 호전적, 공격성 - 5세 이하는 행복감, 기쁨의 표현일 수 있음 - 뾰족하게 그림: 상당한 공격성, 내면의 불안감

혀가 보임	관심이 입에 집중됨, 아이들과 같은 의존성
입의 상처	적개심, 분노, 비판적, 공격성
비웃음	멸시, 공격성
웃음	환하게 웃음: 애정을 원함
벌려짐	아름다움에 관심이 있음
크게 벌림, 뭉갬	정서장애

목: 감정과 신체적 반응과의 연결, 신체적 충동에 대해 느끼는 통제감	
그리지 않음 (그릴 수 있는데 그리지 않음)	생각이 없는 존재로 인식, 생각과 행동이 제대로 공급되지 않음
머리와 몸이 연결되지 않음	사고적장애, 신경학적장애 가능성
넓고 굵음	완고한 태도, 엄격함
짧고 굵음	거침, 완고함, 충동적
너무 김	생각과 몸이 따로 움직임, 융통성 부족, 지나치게 도덕적, 의존적
특이하게 김	교양이 있음, 사회적으로 강직함, 격식을 차림, 지나치게 윤리적
너무 작음	의지가 약함, 과거에 위축
결후 (후결, 울대, 튀어나옴)	성적 역할이 충분히 인식되어 있지 않음 -청년기 남성: 남자다워지고 싶다는 욕구

몸통: 내적 힘에 대해 스스로 느끼는 적절감, 경험	
그리지 않음	퇴행이 심함
너무 김	지나친 행동성, 신체적으로 만족해하지 않음
청소년 여성이 그린 가는 몸통	약한 심신을 표현, 바라지 않는 비만을 표현
너무 넓음	요구를 많이 함, 내적 약함을 과잉 표현
너무 작음	신체가 허약함, 수동적, 열등감
길고 필압이 낮고 흐림	대인관계에서 위축되어 있음
너무 짧고 굵음	화가 나면 난폭해질 가능성이 있음
매우 큼	신체적으로 우월해지기 위한 노력
둥그스름함	공격성이 약함, 미발달적, 여성적인 경향
각이 짐	공격성이 강함, 자기중심적, 남성적
이성의 몸통에 진한 음영	이성에 대한 적개심
배의 확장	신체적 나약함, 갱년기 우울증, 임신을 갈망, 탐욕, 욕망

옷	
자세히 그림	과잉 보상 행동이 강박적인 행동을 통해 나타남
너무 큰 옷	부적응, 자아를 멸시
속이 비치는 옷	노출증, 심리적, 기질적으로 장애가 있을 수 있음
속옷	유아적, 자아도취적, 내향적
상의를 입지 않음	무능력감을 과시적인 방법을 통해 보상하려 함 - 남자 아동: 자기나 자기 대상을 나타낼 수 있음 - 여자 아동: 자기 대상에 대한 표상을 나타냄
너무 많은 옷, 과하게 입은 옷	사회적, 성적 유혹으로 입은 옷
옷의 경계가 없음	신체 자각에 의해 고민, 상호 교류가 힘듦
나체	미술 전공자, 우울증, 경박한 성적 편견
알몸, 수영복, 지나치게 엄격한 옷	육체적 충동

팔: 환경과의 상호작용, 현실 속에서의 대처 상황, 욕구를 충족에 대한 지표	
몸에서 적당히 떨어져 유연함	인간관계에 잘 순응하는 사람
그리지 않음	환경에 불만족, 무력감, 부적절감
한 팔만 그림	세상과 관계를 맺고 싶어 하지만 내적 갈등이 있음
약하게 그림, 가는 단선	신체적·정신적 결함과 약점이 있음
짧음	대처 능력이나 상호작용 능력에 대한 부적절감
가늚	손으로 하는 것에 자신이 없음
넓은 팔	강함에 대한 노력이 중요함, 힘을 강조
근육 강조	신체적 힘을 얻으려고 노력, 육체적 노력, 청소년기 남자
길게 그림	성공에 대한 노력, 야망, 사랑과 애정을 요구함
팔짱	타인에 대한 의심, 적대감, 불신감, 방어적 태도
팔 교차	상호교류를 차단함, 방어적

포개짐	의심, 적개심으로 세상을 경멸, 공격적으로 행동하려는 충동을 억제함
뒤로 숨김	죄의식, 손을 숨기고 싶음
짙은 음영	자학, 다른 것과의 접촉에 불안을 느낌
몸에 딱 붙음	경직성, 수동적, 강한 방어적 태도
날개 같은 팔	무력감, 퇴행적(아동의 경우 제외)
완전히 바깥으로 뻗음	애정과 사회적 상호 작용을 위함, 타인과의 교류를 갈망
어깨보다 넓음	자아통제 부족, 충동적
몸 양 옆에 곧음	강직, 강제적, 억제적인 성격
쭉 뻗은 대자	억압된 상태에서 정서적 도움이 필요함
허리에 얹어 팔꿈치를 옆으로 벌림(허리에 손)	자아도취, 으스대는 경향, 자신을 방어하기 위한 공격성, 분노, 화를 참고 있음
흐느적거림	무능력한 성격

가슴/유방: 성적 욕구, 의존 욕구	
짙은 음영	의존적, 유아적, 이기적
너무 넓음	요구적, 권위적인 태도로 결핍감
너무 좁음	부적절감으로 인해 수동적, 순종적임
큰 가슴	어머니의 지배적이고 지나치게 보호적인 가정에서 자람, 심리적 미성숙
작은 가슴	여성임을 거부, 어머니에 대한 거부, 성숙한 여성에 대한 두려움
밑으로 늘어뜨린 장식선	의존적, 유아적, 어머니가 과보호했기에 심리적으로 미성숙함
가슴 강조	- 여성: 생산적이고 지배적인 어머니와 동일시 - 남성: 어머니에 대한 의존, 사랑과 인정에 대한 강한 추구

유방을 그리지 않음	- 성인 여자: 의존 욕구의 좌절감, 여성성 거부 - 성인 남자: 사랑 거부, 차가운 양육 태도 - 남자 아동: 의존 욕구를 강하게 부인, 여성 거부 - 여자 아동: 성숙한 여성에 대한 부적절감
유방이 너무 큼	의존 욕구 충족에 대한 불안감에 대해 과잉 보상적 - 여성: 자신에 대한 부적절감, 성적 능력, 매력으로써의 부적절감 - 남성: 의존 욕구
유방이 너무 작음	자기 부적절감, 남성의 경우: 여성을 얕잡아 보고 싶어함
가슴과 골반을 강조	- 여성: 생산적, 지배적인 어머니와 동일시 - 남성: 어머니에 대한 의존, 사랑과 안정을 추구

손: 환경에 대한 통제능력. 방식	
그리지 않음	부적응, 심한 부적절감, 죄책감, 환경을 다루는 데 부족함 팔은 그리고 손은 안 그림: 타인과의 교류를 불안해함
손은 생략하고 손가락을 그림	퇴행, 공격 성향

손가락	
긴 손가락	억압되어 있는 피상적인 성인, 단순하고 어린애 같아서 직업에 적응하기가 어려움, 사회생활을 원만하게 하지 못함
주의 깊게 그림	신체생활에 대한 과도한 관심
꽃잎, 포도	빈약한 손재주, 유아적 감정
짙은 음영	죄의식, 성욕, 적개심
손가락이 없음	퇴행, 유아적 호전성, 반항적(유아의 경우는 일반적)
특이하게 그림	호전성과 반항적, 공격적인 경향성
관절, 손톱의 과도한 묘사	여성적 공격성
뾰족함, 갈고리	상당한 적대감, 공격성
막대 모양	유아적 공격

다리: 충족감이나 위험으로부터의 도피, 지탱에 대한 심리적 상태, 특성	
그리지 않음	심한 무력감, 부적절감, 우울한 상태, 자율성 결여
한쪽을 제대로 그리지 않음	자신감 부족, 부적절함, 양가감정
떨린 선	자율에 대한 관심
옆 모습이어서 다리가 가려짐, 종이 모서리에 잘림	세상에 대처하는데 대한 양가감정, 회피적 억제적 행동
긴 다리	마음의 안정을 구함, 자립 욕구가 강함 - 남자가 그렸을 경우: 남성다움을 보이고 싶어 함
짧음	정서적으로 정지 상태, 자율성 결여, 자주성 상실, 의존 욕구가 강함
길이가 다름	자신이 불안정하다고 느끼거나 공상세계로 도피함
큼	자율성을 위한 노력
굵음	세상을 지나치게 통제함
크기가 너무 다름	신경학적장애 의심

위축된 다리	허약함, 상실감
붙어 있음	융통성 부족, 경직, 수줍음
다리 교차(엇갈림)	성욕 거부, 성적 유혹에 긴장
심한 음영	자기 결정을 위한 노력과 관련된 갈등
넓게 벌림	자신감, 공격적 저항, 불안정, 공격성, 독선적
좁게 벌림	엄격함, 속박
몸에서 다리가 완전히 떨어짐	현실 지각의 왜곡, 해리장애 가능성
여성의 다리를 상세하게 그림	- 남성: 성에 대한 관심이 많음, 여성적 경향 - 여성: 강박적으로 여성답게 되려는 것을 뜻함

신발	
그리지 않음	원시적, 억압되지 않는 공격성
벗은 발	환경에 대한 거부감, 과시적, 공격성
세밀하게 그림	- 사춘기 소녀의 경우: 성적인 대상에 대한 강박적 관심 - 신발에 장식, 정교함: 자기도취적인 여성 - 남성의 그림: 여성에 대한 관심 - 여성의 그림: 여성다움을 추구함, 여성다움을 보이려는 욕구
큼	안정에 대한 욕구
몇 번 고쳐 그림, 진한 음영	성적 관심과 노력
뾰족함	공격성
휘어짐	자기 과시적, 자아도취적
큰 신발	안정의 욕구
뒷굽 강조	심리가 성적으로 미성숙한 남성
높은 굽	육체적 매력을 갈망하는 여성
부츠를 신음	타인의 보호와 격려를 받고자 함 (특수 인물은 예외)

발: 의존성, 독립성의 연속선상의 위치	
자세히 그림, 정교함	강박적, 의존과 독립의 갈등
그리지 않음, 그림 밑 부분이 잘려짐	자율성 결여, 독립성 결여, 운동성 결여 (통제가 심함), 불안정성, 자립성 결여
그리기 거절, 스케치선으로 그림	심각한 성적 혼란
저항함	우울증적 실망, 신체적으로 위축감
한쪽 발을 그리지 않음	자율성, 독립성을 성취해 가는데 양가감정을 느낌
한쪽 발을 옷 등으로 가림	의존과 독립의 갈등에서 회피하고 싶음
두 발 모두 가려짐	과도하게 회피적, 억제적임
아주 김	강한 안전 욕구
아주 작음	자율성에 대한 부적절감, 두려움을 느낌
아주 큼	보호에 대한 과도한 욕구, 독립성 강조
크기가 다름	부적절성

날카로움	적대심
반대 방향	우유부단, 갈팡질팡, 자신이 없음
곤봉 모양	걷는 것이 미숙함, 어린이, 노약자
동그스름한 모양	자율성 발달의 미숙함
발가락 강조	원시적인 공격성
발가락을 희미하게 그림	공격성을 억압하거나 공격성이 둔화되어 있는 경우가 많음
발이 종이 모서리에 거의 닿음	부적절감, 불안정감
발이 다리에서 떨어져 있음	현실 왜곡, 해리 상태
넓게 벌림	자신감, 권위에 대한 도전, 불안감 부인
좁게 벌림	엄격함, 속박

자세/운동	
능동적이고 난폭한 행동	- 비폭력적: 공격적, 자기주장적 - 권투 등 사회적으로 수용할 수 있는 행동: 내면의 적대감에 통제할 수 있음
활동적임	과도한 행동, 어린이 그림(과잉행동)
적극적 운동 (높이 뜀, 달리기, 무용 등)	기분이 밝음, 활동적, 침착성이 없음
달리는 인물	불쾌한 상황에서 도피하려 함
공중에 떠, 쓰러질 듯 비스듬함	심한 불안정감, 의존성, 불안정함
기울어짐, 기댄 모습	자아정체성에 대한 불확실성, 불안정감, 우울감
극단적으로 경직	경직, 가소성이 없음
누워 있음	장애로 인해 누워 있는 상태, 우울, 의욕 상실

그냥 서 있음, 앉아 있음	수동적, 무기력한 상태
금방 쓰러질 듯함	불안정한 정신적 균형
명상에 잠긴 모습	퇴행, 철회
수동적인 인물	무력함, 약함
기타 운동(걸음, 독서)	직면한 상황에 대응하여 행동을 변화시켜 나감
주위로 손을 뻗으려는 자세	안정되고 실제적인 방법으로 세상을 대하는 보통 사람
대자로 서 있음	공격성
나무에 앉아 있음	집(신체, 가족, 힘)과 관련된 기대(문제)로부터 자신을 분리하려고 함

장식		
단추	단추	유아적 퇴행, 내적인 힘이 제한되어 있음
	중심선을 강조한 듯함	신체에 대한 관심, 자기중심적
	중앙에서 아래에 달림	어머니에 대한 지속적 의존, 자기중심적
	너무 많음, 큼	안정감에 대한 욕구에 집착, 매우 의존적
	너무 적음, 작음	의존 욕구, 결핍감, 좌절감
주머니	주머니 강조	유아적, 의존적, 감수성이 예민
	커다란 주머니 강조	어머니에 대한 의존성으로 청소년은 남자다워지려고 노력함
	많음	죄악감, 특히 자위에 대한 죄악감
	액세서리가 많고 큼	어머니에게 정서적으로 의존하고 싶어함, 남성으로 자립하고 싶다는 생각으로 갈등
	가슴 부위에 그림	유아적, 의존적

그 외	넥타이	능력, 힘과 관련하여 자신이 없고 부적절함을 느낌 - 중년 이후 남성의 그림: 성적 무력감
	모자	미성숙, 성적 욕망을 숨김
	총, 칼, 망치, 방망이	공격성, 억압된 분노, 비행청소년
	레이스	강박적, 사춘기 소녀
	수염	쾌락, 힘, 남성적인 면의 부족
	목걸이	자신의 부적절감을 보상하려고 함
	귀걸이	외모에 관심이 많음
	왕관	강한 힘
	벨트	금지, 통제의 상징

특정 인물	
군인, 카우보이	공상 속의 공격성이 적극적인 신체적 표현으로 나타남, 비행청소년
눈사람	신체 문제에 대해 회피적
어릿광대	자기 과시
광대, 만화, 바보, 추상적	자기 경멸, 자기 적개심, 검사에 대한 적개심, 경계심
노인	성숙함과 지배력을 가지려고 애씀

특수한 증상에 따른 그림 표현	
아동 그림	큰 머리, 약한 손, 입 강조, 눈이 치켜올라감
비행청소년	군인, 칼, 총, 크기나 체력 강조
우울증	입 강조, 머리를 숙이거나 앉음, 시무룩한 표정, 헝클어진 머리, 보이지 않는 눈, 팔과 손 생략, 상세함이 결여

인물의 처치/ 특이 사항	
나이	- 5년 이상 적음: 성격적인 미성숙함 - 5년 이상 많음: 내적인 성숙감과 관련된 불안감을 과잉 보상하고자 함 - 나이가 너무 많음, 막연하게 아주 많다고 대답함: 내면에 우울감이 있음 - 아동이 자기보다 어린 사람을 그림; 좀 더 유아적인 의존 욕구
세심한 남성, 힘을 가진 어머니	성적으로 미숙한 남자
작고 약한 여자상	남성: 당당한 남성, 여성: 약하고 민감함, 우아함
나약하고 부적절한 남자상	남성 권위에 반대(항의)하는 여자
나약한 여자상	과시적, 자기중심적인 남자
크고 남자 같은 여성	남성의 역할을 부러워함
보조 인물을 그림	가족 속으로 들어와 혼란을 초래하는 영향력, 이성 간의 교제를 제한
몸의 털 강조	활력에 대한 노력(성적 징후)
근육 강조	미술 전공자, 자기 일에 열중, 자아도취
공허한 인물	회피, 우울증, 정신적 결함
지저분하게 그림	퇴행적인 변화, 심한 불안 (아동의 경우 특이하지 않음)
미완성	우울, 회피, 성취의 낮은 기준

5부

그림 해석의 실제 예

1. 그림 해석의 주의 사항

- 앞의 그림 분석 내용을 전적으로 맹신해서는 안 된다.
- 가족 간의 분위기와 기질 등의 모습을 알아야 한다.
- 충분한 상담과 대화를 통해 서로 소통되면 비로소 그림이 보인다.
- 손가락을 뾰족하게 그렸다고 해서 '무조건 공격적이다'라고 해석해서는 안 된다.
- 친구와 다투고 난 뒤 기분이 나쁘면 공격적인 그림이 그려질 수 있다.
- 내 자녀, 가족을 사랑하는 마음으로 보다 보면 입체적으로 분석할 수 있다.
- 곳곳에서 전문직으로 봉사하고 계신 선생님들이 계셔서 세밀한 해석 방법을 모두 넣지는 않았다.
- 동일한 그림을 반복해서 그리는 현상이 나타난다면 가까운 상담센터를 찾아가는 것이 좋다.
- 아이가 그림을 그릴 때 부모님은 아이의 행동을 관찰할 필요가 있다.

- 충동적으로 빨리 그리는지, 생각을 오래 하는지, 특정 부분을 지우고 그리기를 반복하는지 등 아이가 보이는 행동들이 상징적인 해석이 될 수 있다.
- 그림을 다 그리고 난 후 편안한 대화를 통해 답을 얻어내야 한다.
- 해석할 때 필압이나 위치, 크기, 선의 진하고 흐린 정도, 거칠고 부드러운 느낌, 상세하게 그렸는지, 생략과 왜곡은 없었는지 등을 살펴본다.
- 특별히 강조된 부분, 어떤 대상의 존재 여부 등도 함께 살펴본다.
- 아이가 상상하는 그림인지, 현실을 그린 것인지도 본다. 소망하는 것을 표현할 수도 있다.

2. 그림 실제 해석의 예

그림 2-1 굴뚝이 있는 집 그림

· **굴뚝 강조**: 남성의 성에 대한 관심, 가정에서의 심리적 온정에 대한 지나친 관심.
· **연기**: 가정 내의 불화, 가족 내에서의 정서적 긴장감, 미래에 대한 염세적 견해.
· **지붕 아래 빗금**: 강박증.
· **꼬불꼬불한 길**: 타인과의 접촉이 처음엔 어려운 것 같으나 점차 따뜻한 인간관계를 맺음, 수용하는 마음이 생김.

집은 성장해 온 가정생활을 보여준다. 현재의 가정을 어떻게 바라보고 있는가. 이상적인 장래의 가정과 과거의 가정에 대한 소망, 가정생활과 가족관계를 어떻게 인지하며 그것에 대하여 어떤 감정을 갖고 있는지 본다.

2-1의 그림을 전체적으로 볼 때 평범한 가정생활을 하는 집이다. 약간은 권위적인 부모와 그 속에서 소통이 자유롭지는 않지만 부모와의 관계는 나쁘지 않은 평균적인 가정이다.

그림을 그린 학생은 적당한 조용한 성격이고 평화롭고 원만한 가정생활을 추구하고 있다. 청소년기의 염세적인 것을 어느 정도 갖고 있지만 심각하지는 않다. 그림에 진한 음영이 있거나 뾰족하고 날카로운 부분을 볼 수 없다. 집과 바깥을 소통하는 길이 구불구불하지만 결국에는 잘 받아들일 수 있는 사람이다. 가족이 긍정적인 환경과 밝은 모습을 보여 주려고 노력한다면 좀 더 적극적이고 활동적인 사람이 될 수 있다. 부모와도 대화가 필요하다.

그림 2-2 기와를 세밀하게 그린 집 그림

- **굴뚝:** 지나치게 강조된 그림은 아니지만 가정의 온정에 대한 관심이다.
- **지붕:** 기와를 세밀하게 그렸다. 집착과 강박적인 모습이다.
- **지붕에 그린 창:** 내적인 고립감, 위축감, 자신의 모습을 감추고 싶어 한다.
- **창문에 커튼:** 환경에 능동적으로 관여하거나 개입하고자 한다.
- **작은 문:** 다른 사람들과 관계를 맺고 싶은 욕구가 있지만 불편하다.
- **집 외에 다른 것을 그림:** 2-2 그림에서는 강아지를 그렸다. 집에서 만족스럽지 못한 것을 상징적으로 대신하는 것이다.

2-2의 그림은 종이에 가득 차게 그렸다. 어떻게 보면 공격성이나 충동 조절의 문제가 있을 수 있지만 문제해결을 위해 본능적으로 강아지를 그렸다. 딱 봐도 여학생의 그림이다. 창문은 다 가리지 않고 대문은 작게 그렸다. 전체적으로는 크게 그렸지만 여성적이고 조용한 성격이다. 가정환경과 부모의 권

위적인 분위기로 강박적인 성품이 발달할 수 있으나
나름대로 헤쳐 나갈 힘이 있다.

그림 2-3 왼쪽 하단에 그린 집 그림

· **2-3의 그림은 A4 용지를 가로로 놓고 그렸다.** 집이 왼쪽 하단에 그려진 그림이다. 종이 크기에 비해 작은 그림은 가정환경에서 느끼는 감정이 위축되어 있고 사회생활이 불안할 수 있다.

· **왼쪽 하단에 그린 그림:** 과거와 관련된 우울감이 있을 수 있다.

· **굴뚝:** 권위적인 가정환경

· **멀리서 보는 집:** 집에서 떨어지고 싶어 한다. 가족에게 위로 받을 수 없다고 느낀다.

· **윤곽선이 확실하고 중단한 선이 없다:** 외부 압력으로부터 자신을 지키고자 하는 욕구.

· **둥글게 그린 문:** 여성스럽고 부드러운 성품이다.

· **창문의 십자 창살:** 가정의 내적 울타리가 안정적이길 바란다.

2-3의 그림은 어머니를 암으로 떠나보낸 여학생의 그림이다. 전제적인 분석으로 볼 때 어머니의 그리움을 느낄 수 있는 분위기다(대화를 통해). 아직은 세

상과의 소통이 힘들고 왼쪽 하단에 그린 그림은 그런 과거의 슬픔을 반영한다. 이 학생은 원래 심성이 착하고 온순하며, 스스로 강해지려고 노력한다. 어머니의 빈 자리로 인해 아버지와 소통하기 위해 노력하고 있지만 힘들다. 둥글게 그린 문을 보면 시간이 지날수록 나아질 수 있다는 것을 알 수 있다. 이처럼 그림 분석이나 해석할 때 한곳에 집중하다 보면 다른 것을 놓쳐서 중요한 점을 보지 못할 수가 있다. 내담자와의 충분한 대화를 통해 자연스럽게 그림을 분석하게 된다.

그림 2-4 지붕을 검게 칠한 집 그림

- **지붕이 벽을 겸하고 있다:** 공상에 열중.
- **작은 창문:** 심리적인 거리감, 수줍음.
- **방문:** 격자가 많을 때 회의감, 외부 세계로부터 자신을 멀리 하려 함.
- **지면선 강조:** 현실 수준에서의 불안.
- **집 주위의 다른 것:** 집에 만족하지 못하여 다른 것에 관심을 가짐.
- **지붕을 검게 색칠:** 가정으로부터 거부된 감정.

2-4 그림은 전체적으로 세련된 그림은 아니다. 그림을 잘 그리고 못 그리고의 문제가 아니라 깔끔하게 정리되어 보이지 않는다는 것이다. 지붕을 검게 칠한 것이라든지 작은 창문을 볼 때 성격이 대범하거나 활달해 보이지는 않는다. 심리적으로 외부와 단절하고 싶은 마음이 있다. 무엇인가 칠하고 덮으려는 것을 보면 가정환경에 불만을 느끼고 있을 수도 있다. 왜 이렇게 칠했는지 물어봐도 된다. 부모나 가족 간의 관계도 대화를 통해 알아볼 수 있다. 스트레스를 풀 수 있는 방법을 찾으면 좋겠다.

그림 2-5 열매가 있는 나무 그림

- **열매가 달려 있는 나무:** 사랑과 관심을 받거나 주고 싶어함, 자기 능력 과시, 자아도취.
- **넓은 기둥:** 강한 에너지.
- **불규칙적인 가지:** 내적으로 상처받기 쉬움, 고집, 적응의 어려움, 어려운 성격.
- **줄기 표면:** 희미한 얼룩-상실감, 자아의 상처.
- **끝이 날카로운 가지:** 내면에 적대감, 공격성.
- **뿌리:** 현실 속에서의 자신에 대한 불안정감, 자신 없음.
- **뿌리가 없이 지면을 그림:** 지지 기반에 대한 불안감, 내적 자기와의 단절을 느끼지만 어느 정도의 안정.
- **언덕에 그린 나무:** 언덕에 그린 나무가 크다. 타인을 지배, 자기를 노출하려는 경향.
- **지면이 풀에 의해 가려짐:** 현실과의 접촉 문제.

종이에 나무를 거의 꽉 차게 그린 학생은 과장되거나 자기 표현을 적절히 조절하지 못하고 쉽게 화를 내는 경향이 있다. 넓고 튼튼한 기둥은 에너지가 강함을, 가지가 불규칙적인 것은 정리되지 않은 마음으로 상처를 받기 쉬움을 각각 의미한다. 어쩌면 마음에 상처가 있을 수도 있다. 나무를 그렸을 때의 질문을 하면서 전체적인 상황을 파악해 볼 필요가 있다. 가지가 모두 다 뾰족한 것은 아니지만 이 부분도 간과할 수는 없다. 뾰족하다는 것은 공격적인 것과 자신에 대한 불안정감이 있을 수 있음을 의미한다.

그림 2-6 목화송이 같은 단순한 나무 그림

- **한 개의 선으로 단순하게 그림:** 무력감, 결단력 상실.
- **균형 잡힌 수관:** 자신감, 안정감, 조용하고 성숙함.
- **구름, 목화 송이 모양:** 다른 사람에게 동조하여 적응한 생활을 보내고 있다.
- **그리지 않은 가지:** 타인과의 소통에 불안감을 느끼며 우울함.

이렇게 예쁘고 아담한 나무에도 많은 사연이 있을 수 있다. 사람의 마음에 묘한 부분이 있기 때문이다. 에너지가 강하지 않아서 단순한 나무가 되었고 우울감으로 여러 가지를 표현하는 것에 무력감을 느낀다. 타인과 잘 동조하면서 적응하는 것 같지만 마음속에서는 불편함을 느끼고 있다.

그림 2-7 대나무 같은 나무 그림

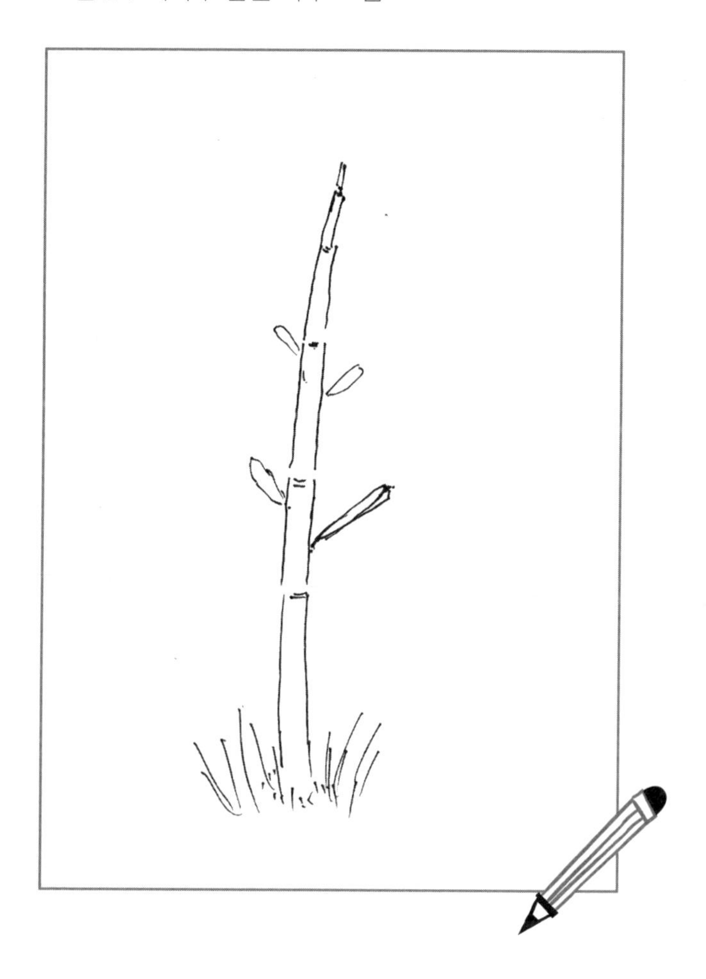

- **윤곽선이 강함:** 자신의 성격에 대한 위협에 지나치게 방어하려고 함, 자아 혼란, 자아에 대한 두려움.
- **오른쪽으로 기울:** 외향적, 활동 의욕, 적극적, 미래지향적.
- **작은 줄기, 좁고 약함:** 약한 에너지, 자기 자신에 대해 위축감을 느낌, 무력감.
- **뼈대 형태:** 타인과의 관계에서 지나친 조심성을 보임, 자신에 대해 충실하지 않음.
- **그리지 않은 가지:** 타인과의 소통에 불안감, 세상과의 상호작용에 위축, 우울.

영업을 하는 성인 남자의 그림이다. 마음과 같이 일이 잘 풀리지 않는 그를 볼 때 참 안타까웠다. 결혼생활도 원만하지 않고 매사에 힘들 것이다. 이것이 그림에 고스란히 나타나고 있다. 환경에 의해 위축되어가는 성격 그러나 보여 주고 싶지 않는 자신이다. 자신에게 맞는 일을 찾아보면 도움이 될 것이다.

그림 2-8 흐리고 약한 선으로 그린 나무 그림

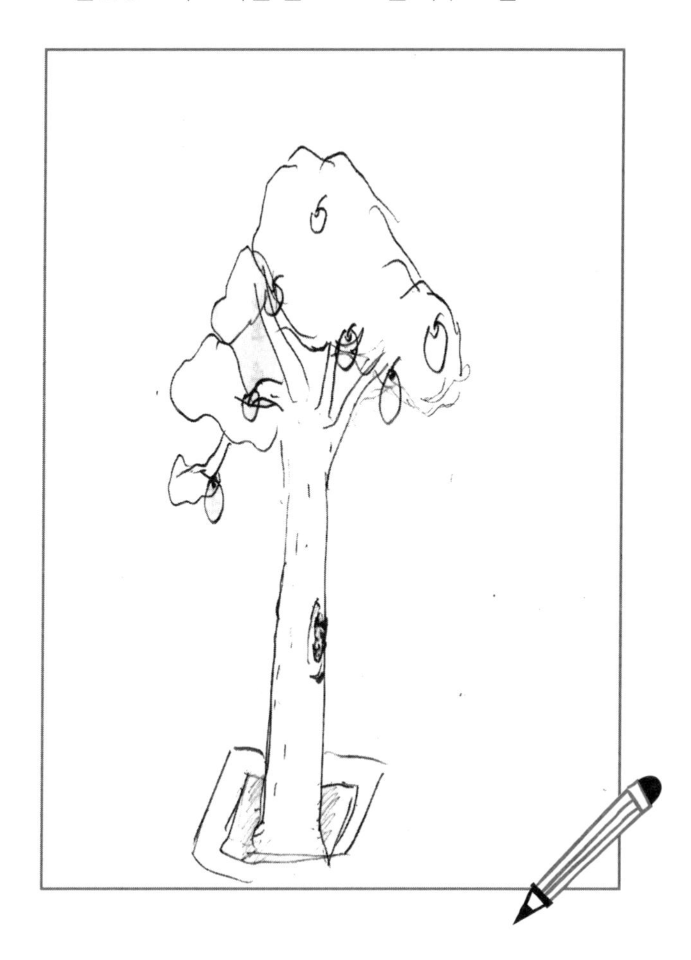

- **좁고 약한 줄기:** 낮은 에너지, 자기 자신에 대한 위축, 약하고 무력함.
- **흐리고 약한 윤곽선:** 정체성 상실, 자아 붕괴에 대한 긴박감, 강한 불안감.
- **얼룩, 옹이 구멍:** 상실감, 성장 과정에서 외상적 사건이 있었다. 자아의 상처, 청소년 시기에 외상을 경험함.
- **왼쪽으로 치우침:** 내향성, 침착함, 조용함, 하찮은 일을 깊이 생각한다.
- **목화 송이 같은 모양:** 타인에게 동조하여 적응한 생활을 보냄, 평범하고 형식적임.
- **열매:** 사랑과 관심을 받거나 주고 싶어 함, 자기 능력 과시, 자아도취, 즉흥적, 애정 결핍, 퇴행적.
- **받침:** 자주성 결여, 불안정감, 보호를 구함.

힘이 없는 그림에서 뭔가 강한 에너지를 느낄 수 없다. 정체성이 없고 자신에 대한 불안감으로 가득 차다. 내성적인 마음과 열매를 그린 것에서 애정결핍도 알 수 있다.

그림 2-9 왜소한 사람 그림

- **달걀형의 얼굴:** 여자다움, 예민.
- **머리카락:** 헝클어졌지만 공들인 머리카락은 미적인 것에 대한 관심, 여성의 불신.
- **머리숱:** 많고 진한 머리숱은 지나치게 적극적이고 자기주장적, 공격성.
- **머리카락 속의 귀:** 청각장애 가능성, 비판에 과하게 민감.
- **작은 눈:** 내성적.
- **긴 코:** 공격성, 활동적, 외향적임.
- **입술:** 성적인 표현.
- **길고 가는 목:** 행동에 대한 통제력 상실.
- **뒤로 숨긴 팔:** 죄의식.
- **가슴 강조:** 어머니에 대한 의존, 사랑과 인정에 대한 강한 욕구.
- **손:** 그리지 않음-부적응, 심한 부적절감, 공격성, 적대감, 손만 그리지 않은 경우는 타인과의 교류가 불안함을 나타냄.
- **붙어 있는 다리:** 융통성 부족, 경직, 저항, 수줍음, 정신적 긴장감.
- **그냥 서 있음:** 무기력.

· **짧은 스트로크:** 불안감, 인간관계 갈등, 충동적.

청소년 남자의 그림이다. 그림이 크지 않은 걸로 봐서 소심하며 조심스러운 분위기다. 헝클어진 그러나 다듬은 머리카락은 여성을 불신하면서 공격성이 있다. 귀를 가린 것은 청각장애보다 비판에 매우 두려워하는 성격이다. 성적인 것에 대한 부적절한 느낌도 있지만 청소년기에 흔하게 볼 수 있다. 어머니에게 의지하지만 어떤 이유에서인지 불안하고 두려워하며 인간관계의 갈등도 엿볼 수 있다. 상담이 필요하다.

그림 2-10. 종이를 꽉 채운 사람 그림

- **종이를 벗어난 큰 그림:** 자기 표현력을 적절히 조절하지 못함, 공격성, 쉽게 화를 냄, 과잉 행동, 열등감, 사치, 긴장감.
- **양쪽 종이가 잘림:** 미래를 두려워하며, 미래를 도피하고자 하는 마음을 받아들이기 두려워함.
- **둥근 선:** 의존적, 여성적.
- **강한 필압:** 긴장감, 불안감, 스트레스 상황에 처하면 쉽게 불안해지고 위축됨, 자기주장적.
- **남자가 사람을 그리면서 여자보다 크게 그림:** 성 정체감에 대한 불확실성, 과잉 보상으로 크게 그림.
- **정면:** 엄격함, 직접적으로 삶과 직면하려는 결의 혹은 거부, 반항.
- **이목구비 강조:** 사람과의 정서적인 것에 집착.
- **과도한 강조:** 외부 상황에 관심을 가짐, 공격적, 지배적인 행위에 의해 보상받으려는 부적절함.
- **털을 그린 듯, 안 그린 듯한 모습:** 자기주장성 부족, 대인관계에서 수동적, 쉽게 위축.
- **숱이 많은 눈썹:** 무뚝뚝함, 노골적, 야성적, 거침.
- **또렷한 콧구멍:** 대인관계 상호작용에서 매우 미성숙한

태도.

· **웃음:** 타인의 애정을 원함, 친밀한 관계에 몰두.

· **짧고 굵은 목:** 거침, 완고, 저돌적, 고지식, 통제력 부족.

· **알몸:** 육체적 충동.

· **넓은 어깨:** 강함, 힘에 대한 관심, 힘을 얻으려는 노력.

· **근육 강조:** 신체적 힘을 얻으려고 함, 육체적 노력.

· **손이 작음:** 스스로 통제력이 부족하다고 느낌.

· **손바닥이 보임:** 세상에서 나를 인정받고 싶어 함.

· **앉아 있음:** 수동적, 무기력한 상태.

성인 남자의 그림이다. 종이를 거의 벗어난 강하고 힘이 있어 보인다. 하지만 상세하게 들어가면 내면을 볼 수 있다. 타인으로부터 인정을 받고 싶어 한다. 약한 점을 인정하지 않으려고 한다. 권위주의에 통제력이 부족하다.

그림 2-11 작은 여자 아이 그림

- **공들여 그림:** 미적인 것에 관심, 허영심, 자기 과시, 자기애적.
- **귀를 안 그린 그림:** 타인과의 교류를 회피, 남의 말을 안 들음, 불안.
- **점으로 표현된 눈:** 남이 먼저 다가와 주길 바람.
- **작은 코:** 외모에 자신이 없음.
- **비웃는 듯한 입:** 공격성, 약하고 불안정.
- **작은 목:** 위축됨.
- **좁은 어깨:** 열등감, 책임감이 없음, 책임감이 필요한 것에 위축.
- **뒤로 숨긴 팔:** 죄의식 손을 숨기고 싶음.
- **가는 팔:** 약함, 쓸모없다고 생각함.
- **주먹 쥔 손:** 분노감, 반항심.
- **손가락이 없음:** 퇴행, 반항적(유아의 경우는 일반적).
- **붙어 있는 다리:** 융통성 부족, 경직, 저항, 수줍음, 정신적인 긴장감.
- **구두:** 여성다움을 추구함, 여성다움을 보이려는 욕구.

조용하고 조심스러운 여학생의 그림이다. 사람과

의 교류에 있어서 불안정함을 보인다. 남이 먼저 다가오기를 바란다. 마음속에서는 불만과 공격스러운 면이 있지만 이 또래의 학생들에게 흔히 볼 수 있는 현상이다. 여성스러움을 과시하고 싶지만 미성숙함이 반항적인 성향을 보인다. 융통성 부족이라는 답답함도 있지만 이 여학생만의 기질과 성격이므로 긍정적인 지도가 필요하다.

그림 2-12 비오는 날 사람 그림 A

· **얼굴이 작음:** 자아의 강도가 약함.

· **귀를 그리지 않음:** 타인의 시선에 예민하고 두려워함. 남의 말을 잘 안 들음.

· **점으로 그린 눈:** 남이 먼저 다가와 주길 바람.

· **세모 모양의 코:** 권력 투쟁, 유아기적 성을 가짐.

· **활 모양의 입:** 자아도취, 성적 조숙.

· **짧은 목:** 난폭함, 완고함, 저돌적인 경향, 충동적.

· **각진 몸통:** 공격성이 강함, 자기주장적, 남성적.

· **포도 알 같은 손가락:** 빈약한 손재주.

· **다리를 넓게 벌림:** 자신감, 공격적 저항, 불안정, 독선적.

· **둥그스름한 발:** 자율성 발달의 미숙함.

· **비의 양:** 비가 종이 전면을 차지했다. 비의 양이 많은 것은 스트레스와 우울한 기분을 나타낼 수 있다.

비 오는 날의 사람을 그려 보라고 했다. 초등학교 남학생의 그림이다. 종이 전면에 그린 비의 양으로 봐서 우울한 감정을 갖고 있는 것 같다. 단순한 그림으로 보이지만 많은 내용을 포함하고 있다. 동그란 모양의 작은 얼굴은 자아가 약하고 두려움이 있다. 귀를 그리지 않은 것은 고집이 세거나 남의 말을 잘 안 듣는 사람에게서 볼 수 있는 특징이다. 불만이 매우 많고 환경에 불만이 많은 듯하다. 비가 오는데 우산 말고는 비를 피할 수 있는 어떤 물건(우비, 장화 등)도 보이지 않는다. 스트레스를 피하기는 하는데 혼자의 힘으로는 감당하기가 어려운 것 같다. 부모의 관심과 대화가 필요한 아이다.

그림 2-13 비오는 날 사람 그림 B

- **정면을 보는 사람:** 엄격함, 직접적으로 삶을 직면하려는 결의(거부, 반항).
- **공들여 그린 머리:** 활발한 공상, 허영심, 자기 과시.
- **단정한 머리:** 여성스러움.
- **그리지 않은 귀:** 타인의 시선을 예민해하고 두려워함, 남의 말에 귀를 기울이지 않음, 감정 표현에 대한 불안감.
- **무성한 눈썹:** 고상함, 무뚝뚝함, 거침.
- **그리지 않은 눈:** 타인과의 교류를 회피, 불안, 사고장애의 가능성.
- **그리지 않은 코:** 타인의 시선에 예민, 불안, 위축.
- **그리지 않은 입:** 애정 교류에 좌절감, 부모와의 갈등, 무력감, 위축감, 애정 욕구, 소통 거부, 우울.
- **그리지 않은 목:** 스스로 생각이 없는 존재로 인식, 본인의 결정이 필요 없음.
- **둥그스름한 몸:** 공격성이 약함, 여성적 경향.
- **원 모양의 손:** 무력감.
- **짧은 다리:** 정서적으로 정지 상태, 자율성 결여, 자주성 상실, 의존 욕구가 강함.

· **작은 발:** 자율성에 대한 부적절감, 두려움을 느낌, 의존성

· **굵직한 비:** 스트레스가 강함.

굵은 비를 통해 스트레스의 중압감을 볼 수 있다. 이 여학생의 그림을 진단하면서 마음이 많이 아팠다. 본인 스스로 해결할 수 있는 힘이 없다. 사회성의 결여로 힘들어한다. 부모와의 갈등이 무기력으로 발전된 적도 있다. 적극적인 성향이 전혀 없으며 스스로 문제를 해결할 능력도, 의지도 없다. 가족상담이 필요한 상태다.

참고문헌

· 신민섭 외 지음,《아동의 진단과 이해》, 학지사, 2009

· 김문갑 지음,《그림으로 마음읽기 1,2,3》, 하나출판사, 2010

· Judith A. Rubin 지음 · 김진숙 역,《미술 치효학 개론》, 학지사, 2006

· 최외선 · 김갑숙 · 최선남 · 이미옥 공저,《미술치료 기법》, 학지사, 2006, 2013

· 김선현 지음,《임상미술치료의 이해》, 학지사, 2006